U0010249

專為連仙人掌也養不活的初學者設計的
4週園藝課

我想把植物養好

許盛夏 著

王品涵 譯

一步步為生活增添綠意

夢想擁有被漂亮植物圍繞的生活嗎？可以怎麼開始呢？這本書可說是替「植物新手」設計的一本好書，非常適合想要好好享受栽培樂趣的新手，循序漸進理解並實踐的各式種植方法，包括光照、通風、澆水的三要素、葉子發黃的狀況判斷及排除、精美的病蟲害認識插畫等等，涵蓋多數新手會觸碰到的領域。書中也介紹許多美好的植物，以種類分的話有觀葉植物、多肉植物、香草植物、空氣鳳梨等，有趣的是還有一些木本植物，相信可以讓大家越看越心癢，想立刻試試看呢！除了告訴你植物的照顧方法外，我特別喜歡當中的繁殖教學，誰不喜歡將植物分享給其他喜歡植物的人呢？學到這些繁殖法就可以讓更多人一起享受植栽的樂趣了呢！

作者的用語與口吻非常溫柔，可以幫助新手保持愉悅的心情吸收書中內容，跟著書裡一步步學習，為生活增添靈感、激發閃耀的創造力吧！

──── **植子 詹淯松**

一本簡單易懂的植物祕笈

長期在從事植物教學的我們，最常遇到同學的提問就是「如何把植物種活？」，一開啟了這個話題後，就會有數不盡的疑惑和問題不斷地被提出，通常對於初次種植物的人來說，總是要解決了恐怖疑惑的巨大門檻後，才會有嘗試的勇氣。

第一次看到了《我想把植物養好》這本書時，有著為之驚豔的感動，從最初期的環境確立、植栽的脫盆換盆、日後的澆水、防蟲及營養劑的注意事項，用簡單易懂的文字圖畫來詳細解釋，對於初心者或是已經踏上種植這條快樂道路的人們，有著極大的幫助，誠心地推薦給您，本書會是幫助您提升信心、增加知識最快速的一本祕笈喔！

—————— 微境品主理人 苔哥

帶領你進入幸福的園藝世界

《我想把植物養好》是來自韓國的綠色空間設計師——許盛夏小姐，特地為了植栽初學者而設計的書。想要種植植物，卻不知道該如何開始的你，非常適合來好好閱讀。在閱讀完畢之後，一定能更有自信地輕鬆開始。書中從如何挑選植物、認識陽光、空氣、水，到換盆的步驟、使用肥料與面對蟲害，一步一步地帶領大家進入園藝植栽的世界。在編排與構圖上淺顯易懂，步驟描寫非常清楚。在書末也貼心地附上關於初學者好奇的一切Ｑ＆Ａ，替新手們解答常見問題。

能有這樣一本書來帶領大家開啟園藝生活，確實是一件非常幸福的事，因此誠摯推薦給大家。

—————— 這位太太愛植物 Kim

植物讓心情變溫暖

　　我開始種植物的動機，與其他人沒有什麼不一樣——單純是為了讓複雜、受傷的心能得到慰藉。大學一畢業隨即踏入職場的我，超過20年的時間不曾好好休息，只是不停歇地向前跑。就在卯足全力滿足工作欲望之際，卻沒有意識到自己正逐漸變得疲乏。熱情在不知不覺間耗盡，對於工作與人際關係，也僅剩下懷疑與傷痕。

　　當時撫慰我千瘡百孔的心的，正是可愛的貓咪們與靜靜等著我伸手輕撫的植物。當醫生問起「什麼時候能讓盛夏小姐覺得最幸福呢？」時，我思索了一陣子後答道：「和貓咪們一起上去頂樓，然後在那裡整理盆栽的時候最幸福。」於是，醫生建議我「要不要試著多花點時間做這件事？」起初認為這個建議有些荒謬的我經過仔細思考後，倒也覺得既然事已至此，就算上了年紀也想開始過上能做著自己喜歡的事的生活了。後來，我著手將計畫一項、一項列好，並在整理好自己的思緒後，創作了《綠狐狸故事》這本書。這本書，也成為了我正式踏入植物世界的第一步。

　　遇見植物前，我先是從事家具設計，而後又跨足室內設計與建築的工作。目前的工作則是負責藉由植物設計空間的綠色空間設計師（planterior）。起初開始工作時，我一直覺得這份工作與之前做過的工作是截然不同的領域。然而，其實沒什麼不同。除了換一換道具外，根本是一模一樣的工作。與過往從事過的工作，既沒有什麼不同，也沒有什麼特別。我依然做著邊理解空間與思考如何設計適合設置植物的環境，邊營造

和諧氛圍的工作。不過，這次是以能讓自己的心稍微舒服些的方式。

　　憑藉著各種經驗，我曾以綠色空間設計師的身分為三星電子、三星進修學院、LG設計中心、NAVER等企業，以及聖水聯邦、Garo Golmok、Beanpole、Fresh等無數地方打造綠色空間。每次都依然能感覺新鮮，依然驚訝於自己竟能單靠著這個名為「植物」的東西從事一份工作。儘管也有倍感壓力的時候，但只要和植物在一起，自己就能克服一切。

　　本著與人分享自己栽培植物經驗的目的，我開始了園藝課。實際授課後，發現連自己對著植物感覺到的輕鬆心情竟也能與人分享了。即使學生們在第一堂課時都會為了不表現個人情緒而顯露有些緊繃的模樣，但隨著課程的進行，確實能見到大家從表情開始逐漸改變，甚至還有人會邊哼歌，邊種植物。報名上課的學生們，多半是在職場感受壓力、煩惱該不該換工作，或是因懷孕、育兒等因素而經歷長時間空白期的人。帶著各種紊亂與空虛的心前來上課的人們，皆因一株植物而讓心情變得溫暖與輕鬆。我心滿意足地享受著從旁見到曾經療癒自己的植物，也能帶給其他人同樣過程與結果的景象。

　　這本書籌備了將近兩年的時間。推辭過數次出版提案的我，最終被「專為初學者設計的簡單書」的想法打動而決定提筆創作。我邊想著自己栽種植物的模樣，邊審慎準備出版計畫。期望讀過這本書的各位都能相對輕鬆地開始栽培植物，並且讓心靈從栽培植物的過程中獲得些許慰藉。

與綠色植物拉近距離的時光

請不要害怕植物

有別於買幾朵花，栽培一整盆植物因背負著「必須好好照顧的責任感」而變得格外慎重。即使會因為漂亮、因為也想像別人一樣栽種植物、因為想減少霧霾等各種理由而購買植物，卻又往往先一步擔憂著「我有辦法養得好嗎？」，轉而尋找「不太需要照顧的植物」「不太會死的植物」。說到底，根本沒有百分百好養的植物，也沒有百分百難養的植物，只有適合或不適合自己的生活習慣與居住環境的植物罷了。因此，必須養過多一點植物才能把植物養好。請不要擔心自己會殺死它們，並請享受尋找適合自己的植物的過程。近來，有些人不再說「自己養的植物」而是將其稱呼為「伴侶植物」，但我們暫且先拋開這個令人感覺「責任感」的詞彙吧。

我在授課時，許多學生都認為體驗栽培過程比擁有植物來得更有價值。就算是相同的結果，親自學習與熟悉栽培過程，然後靠自己親手完成的成果，雖然完成度稍低，也總會忍不住投放更多情感。即使不是為了創業或報考資格證照，學習栽培植物也同樣是件令人樂在其中的事。我確實體悟到這不只是擁有一個美麗的盆栽，而是足以使自己內心平靜的過程。期望各位也能暫時拋開恐懼，然後開始試著栽培植物吧！

請先試著感受「栽培的樂趣」

　　第一次栽培植物時，想必會苦惱著「是不是該從播種開始啊？」不！不是！直接購買已經播種完成，並且順利適應這個世界的母株，會是比較好的選擇。將買回來的母株移入自己的盆器栽培，對精神健康較佳。植物（尤其是樹木）比想像中長得慢；如果想在家中放100公分高的植物，就請帶已經長到這個尺寸的植物回家。

　　想要養好植物，首先得將自己喜歡的漂亮植物擺在視線範圍經常看得見之處。如此一來才會產生感情，也不會忘記澆水。由於要等到埋在看不見的土裡的種子萌芽並長出葉子需要很多時間，因此多數都只有一開始會留心，過一陣子便忘得一乾二淨。如果可以親眼看著清新的綠色植物逐漸成長的模樣，我們也能感受成就感，而後慢慢產生信心。

　　從種子開始播種，當然也有另一種樂趣；像是近期有許多人都從酪梨種子開始種植的第一步。望見嫩葉從種子冒出的模樣，確實有種難以言喻的快樂。麥苗、大麥苗都是人人可以輕鬆挑戰的選項，無論什麼時期播種，都能長得很好。不過，其他的大部分植物可就都有各自適合播種的時期了。一旦時期不對，便無法發芽。因此，如果決心要種植物的話，推薦先從母株著手。

目　錄

PART 1. GARDENING CLASS

一株、一株，慢條斯理的4週園藝課

從此以後，我的興趣是居家園藝

編註：書中關於植物種類的名稱為根據《國際藻類、真菌和植物命名法規》的「學名」。

GARDENING CLASS

一株、一株，慢條斯理的
4週園藝課

第一株
綠色植物

　　我們無法輕易明白植物的內心。究竟需要多少日照、究竟何時該澆水、究竟何時該換土……甚至原本栽培得好好的植物,一句話也沒說便病懨懨地死去。不可能一開始就能把植物栽培得很好。不過,只要多費心在植物的特性,便能將它們栽培得又美又健康。第1週開始種植物時,最重要的是了解日照、水、空氣。由於植物原本是生長在室外的緣故,因此得先弄清楚這三項自然元素才能讓植物在室內也能長得一樣好。接著,則是輪到認識土壤與工具,然後才慢慢開始熟悉園藝的時光。只要能好好跟隨至此,便已準備好迎接第一株綠色植物了。現在,種下一株植物,然後留心觀察植物成長的過程。只要謹記前文提及的內容,這次即可明白植物傳達的信號。

Step 1

栽培植物，
八成取決於日照

日照、空氣、水、土壤，是
植物成長的必需要素。我們先從
其中最基本的「日照」開始了
解。建議根據自己家中的日照量
挑選植物，接著再依照該植物對
日照的需求量決定擺放的位置。

草原上能見到像矢車菊或罌粟花之類的野花。

像墨西哥羽毛草之類的草種植物，喜歡猛烈的陽光與風。

室外日照與室內日照的差異

　　以日照作為劃分，可將植物大致分為兩類：在室外接受直射光線成長的植物，與在室內接受經窗戶或物品遮蔽後光線的植物。像是因顏色與形狀漂亮而大受歡迎的狼尾草、白背芒、粉黛亂子草之類的莎草科植物必須在廣闊的山坡上讓日光照遍全身才能順利成長，因此就算擁有日照充足的陽台，也很難在室內養活它們。像是山桃草、馬鞭草之類的野花也一樣；而所有人都渴望的香草植物，同樣也是需要大量日照與空氣的代表。

　　既然如此，是不是完全不可能在家裡栽培香草或野生花之類的植物呢？有點難，但還是可以努力試一試。將這類植物放在家裡日照最充足的陽台，盡量經常開窗讓它們接受直射光線與通風。雖然在這種環境種出來的植物會比生長於室外的來得脆弱些，倒也能好好存活。

透過樹葉間灑落的日照，可以視作與照進室內的日照相同。

　　日光照射的室內空間，與熱帶雨林的環境一樣。請試著想一想熱帶雨林。在高達數十公尺的樹木與樹木間，依然長著小植物們。**生長於樹木底下的植物，接收的是透過寬大葉片間灑落的少量日光。這類植物，正是只要接收被窗戶或薄窗簾遮蔽的日照（通常稱為「散光處」）也能長得很好的室內植物（indoor plant）。**所謂「散光處」，指的不是像樹蔭般昏昏暗暗的地方，而是避開直射光線的明亮處。

　　如同這些例子，**每種植物需要的日照量皆不相同。**如果在好天氣時走在路上，會見到有些人家將植物移到戶外晒太陽，但原本待在室內的植物突然被放到豔陽之下，往往就會出現日燒的情況；在室內新長出來的嫩葉特別容易燒焦，尤其需要格外注意。若想讓植物晒晒太陽，可以漸進式地將它們從陰涼處慢慢移到光亮處。

麥門冬、玉簪花等陰性植物可生長於陰涼的樹林間與樹木下。

　　有些植物則是生活在幾乎沒有日照的陰暗處。像是玉簪屬、礬根屬、蕨屬等地被植物，以及附生在樹枝上的蘭花之類的陰性植物。這類植物通常貼著土地、岩石生長，或是附著在其他植物上生長，因此在照不太到日光的地方也能長得很好。一旦將這些植物放在豔陽下，葉子就會被晒得發黃，因此盡可能擺放於陰暗處為佳。

適合室內日照量不足的好工具：植物生長LED燈

　　萬一家中日照不足，使用植物生長LED燈也是個方法。這種燈是排除了對人體有害的紫外線UV與發熱的紅外線IR，從可見光中加入能促進光合作用的紅光與利於葉子生長的藍光後，製成用作幫助植物生長的燈具。在日照不足的室內，扮演著小太陽的角色。不需要特別的設備，只要夾上一個夾式檯燈就能照亮任何地方，相當方便。雖然紫光越強的效果也越好，但過度的色彩也可能令人感到不適。雖然效果稍差，但挑選接近白光的燈具即可。**燈具越靠近植物、燈具數量越多，效果自然越好。僅在有日照的期間開啟即可。**

只要替原有的燈具更換燈泡，即可為植物補充不足的光線。

澆水3年功，然後3年，又3年

　　對栽培植物的初學者而言，最難的部分正是「水」。恰如「除草3年功，澆水3年功」這句話，指的即是給予植物適量水分是件相當困難之事。換句話說，必須用長時間仔細觀察植物後，再給予合適的水分才行。植物不會說話，因此我們無從得知水量究竟該多或少。雖然水量過少時可以再澆水，但水量過多時可就危險了。假如沒有把握時，不澆水會是較好的選擇。

澆水方法	如同沖滴漏咖啡般，緩緩轉動澆水器
澆水時機	將1至2個指節插入土壤，感覺有些鬆鬆軟軟時
澆水時間	早上8至9點
水溫	靜置一天後約20°C的自來水
水量	當排水孔開始滲水為止
適當濕度	50～60%

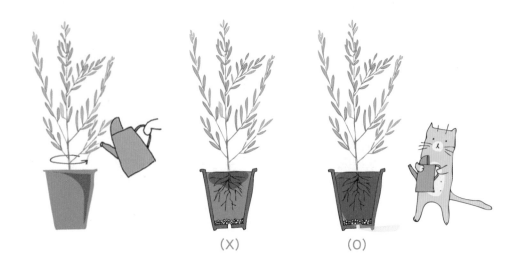

(X)　　　　　　(O)

澆水方法

　　根部上方扮演的是支撐植物的角色，根部下方扮演的則是吸收水分的角色。為了讓位在下方的根部能充分吸收水分，必須給予足夠浸濕土壤的水量。當土壤乾燥時，盆器與土壤間會產生縫隙。一旦在此時倒入大量的水，水會從縫隙流出，無法真正濕潤土壤。因此，澆水時得像沖手沖咖啡般，先緩緩繞一圈，靜待完全滲透後，再繞第二圈；請重複這個過程3至4次。水，正是需要如此費時、費神。假如覺得這個過程很麻煩，不妨將盆栽放入裝好水的大水盆內，使用盆底吸水法。不過，如果水盆持續積水的話，可能會造成過濕並孳生蚊蟲，因此請在水分吸收完成後，將剩餘的水倒掉。

　　最適當的澆水時間是早上8至9點。原因在於，這是植物最需要水分的時間。此時，使用微溫的20～25°C自來水為佳；若能使用於室溫靜置一天曝氣除氯後的自來水更好。不需要使用濾過的淨水。

盆底吸水。

該澆水的時機

澆水的原則是「表土乾燥時澆足水分」。根據盆栽擺放的環境、日照程度、通風度、空間的溫度、盆器的材質與尺寸、植物的特性等多樣因素，土壤乾燥週期有著天差地別的變化，因此「幾天澆一次」這句話並無太大的意義。

在日照充足的通風處，水分免不了會流失得比較快，所以必須多替種在室外的植物澆水才行；夏天時，也可以一天澆兩次。越是陰涼處、土壤量越多，水分當然流失得比較慢。此外，也得多了解植物的特性。如果是喜歡水的植物，得在表土開始變乾就澆水；**如果是喜歡乾燥環境的植物，則得等到表土完全乾硬再澆水。一般而言，葉子小且薄，或是根非常細的植物，只要稍微缺水就會立刻有反應**；葉子大且根越厚實的植物，則因會儲存些許水分，所以就算缺水也不會立刻死亡。

日照量越多、通風越好、葉子越小、
盆栽越小的陶土盆，水分流失得越快。

鬆鬆軟軟的乾土。　　　　　　　　　　吸足水分的濕土。

將手指插入土壤，若能沾附土壤即是濕土。

將插入土壤的木棍拔出時，末端呈浸濕狀態，即代表水分充足。

葉子也會給予信號。當莖與葉下垂時，　　澆水後，葉子需要經過一段時間才會挺直。
即是處於水分不足的狀態。

控制濕度

　　提高空氣中的濕度，與澆水同等重要。尤其遇到植物的原產地是熱帶雨林時，必須為適應高溫、多濕環境的它們多費心調整室內濕度。讓濕度維持在50～60％，天氣乾燥時則可以利用噴霧器多替葉子噴水。當濕度低時，葉子末端會呈乾枯的褐色，或容易孳生介殼蟲、溫室粉蝨等各種病蟲害。除了雨季外，請每天為葉子噴些水。

在浴室裡爽快地為葉子與土壤補充水分。

栽培植物靠的是工具？

　　園藝，是只要有一個小鏟子就能開始的興趣。若能再多準備幾樣
工具，便能加倍提升栽培植物的樂趣。選好植物並備齊裝備後，接著
需要的當然是「土壤」了。如果說日照與水是植物的主食，那麼土壤
就是植物生活的家了。除了得使用適合植物特性的土壤，亦可簡單按
照排水性挑選。儘管隨著了解園藝越深，越會深究土壤的酸度、鹽
分、保濕度、營養成分、重量等無數種重要因素，但在這裡只要先認
識一般室內園藝使用的土壤即可。

土壤種類

礫石

經過人工燒製而成的土壤，按照粗細分為大（10～15mm）、中（5～10mm）、小（3～5mm）。由於顆粒較粗，水也較易透過石間的縫隙流出，因此主要用於製作排水層或種植注重排水性的蘭科植物。

珍珠岩

將珍珠岩加熱後，經過膨化製成的人工土壤。由於重量輕，因此於頂樓造景時常用來降低建築負重。購買換盆用的土壤時，內含的白色顆粒即是珍珠岩。輕盈的珍珠岩會在澆水時漂浮在水上，所以經常被誤認為蟲卵。

砂石土

各種岩石經過長時間風化破碎成細土，口語上又稱「粗砂」，但普遍還是以源自日文「真砂土」的稱呼為主。介於石與泥之間的砂石土，具有沉重、顆粒粗、排水性與通風度佳的特性。由於幾乎沒有細菌，因此經常用作育苗或改良土質。相當適合用作種植討厭潮濕環境的多肉植物或仙人掌。

洗滌砂石土

經過洗滌的砂石土，屬於沒有黏土的土壤。適合用來鋪於盆栽表面或製作種植箱。砂石土的黏土堅硬，所以有可能會堵住排水孔，最後導致泥漿水毀掉種植箱。

腐葉土

以腐爛的草或落葉等製成的土壤，含有豐富水分與養分，相當利於植物生長。雖然經常會將未經殺菌的腐葉土用於室外庭園或農作耕地，但居家園藝時幾乎不會使用；土壤內的大量微生物不適合用於室內環境。

泥炭土

堆積於沼澤處的泥炭土，土壤酸度強。種植像是藍莓這類需要強酸度的植物時，務必使用泥炭土；酸度不適當時，便無法順利結果。當表土乾燥時，水僅能在表面流動，無法濕潤土壤內部，因此必須使用樹皮（p.30）等介質覆蓋。

培養土（換盆土）

換盆時，可以使用以適當比例混合砂石土、腐葉土、珍珠岩、泥炭土等土壤的換盆用土。營養成分高，又常用來混作基肥。

介質種類

　　介質指的是栽培植物時，用於最後覆蓋表面的苔蘚、樹葉、石頭等。扮演著維持土壤含水量、溫度，並阻止雜草生長，保持盆栽整潔的角色。介質決定了盆栽的最終模樣。根據使用的介質不同，盆栽的感覺也會截然不同。

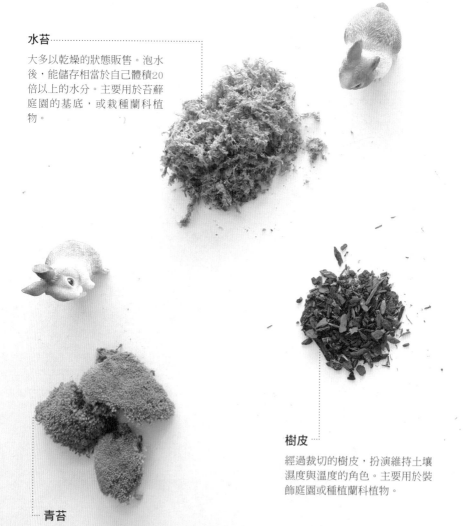

水苔
大多以乾燥的狀態販售。泡水後，能儲存相當於自己體積20倍以上的水分。主要用於苔蘚庭園的基底，或栽種蘭科植物。

樹皮
經過裁切的樹皮，扮演維持土壤濕度與溫度的角色。主要用於裝飾庭園或種植蘭科植物。

青苔
製作種植箱或栽培需要長時間保持濕度的植物時使用的介質。

裝飾石

裝飾石可分為礫石、火山石、卵石等許多種類；此外，也會使用珍珠岩或洗滌砂石土。不同的裝飾石，其尺寸與顏色也相當多樣化。

火山石

礫石

珍珠岩

卵石

園藝工具

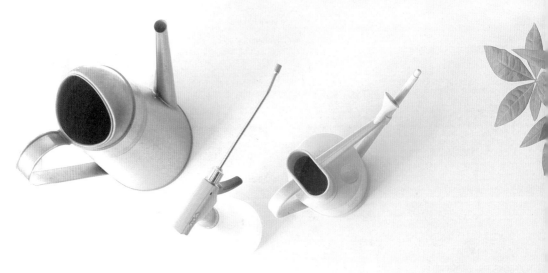

澆水器與噴霧器
澆水時使用的工具。根據居家園藝選擇合適的種類。（參考p.34）

鑷子
夾小植物或抓小蟲的實用
工具。

園藝剪刀
建議按照莖、葉的粗細準備不同
種類的剪刀。

鏟子
移動土壤或小植物時使用的工具，多樣款式
提供不同用途。（參考p.35）

土桶
適合調配或減少土壤時使用。

盆栽轉盤
用作擺放盆栽。將土壤放入盆器時,防止傾向一側,便於平均土壤。

園藝支架、鐵絲
柔軟材質的園藝用支架與鐵絲扮演著為植物塑形的角色。

掃把
園藝完成後,清理環境時需要使用的工具。

盆栽底網
置於排水孔的塑膠網。裁剪成適當大小後使用。

木棍
寫上植物名字後插入土壤,或是使用於確認土壤是否乾燥時。

手套
材質相當多樣,但個人偏好挑選不會濕的款式。如果能為了環境重複使用幾次的話,當然是再好不過了。

橡膠槌
將植物移出盆器時使用。

澆水器與噴霧器

澆水器可分為室外用與室內用。室外用(4)以4ℓ容量適中,像蓮蓬頭般噴灑是不錯的方式。噴灑式的澆水器大多使用可拆卸的噴頭,只要拆下噴頭,便可以改為細直線給水。室內用(3)可裝2ℓ的水,狹窄的出水孔相當恰當。尺寸小的澆水器適合用來仔細地替小盆栽澆水。不同的盆栽尺寸能盛裝的水量不同,建議根據栽培植物的大小備齊適當的澆水器。

為了葉子的健康,請務必準備噴霧器(1)。選擇噴水時,手不費力且水霧細緻的噴霧器為佳。外型類似打氣筒的氣壓式噴霧器(2),是透過加壓的方式噴水。氣壓式噴霧器使用完畢後,記得打開蓋子釋放壓力才能延長使用壽命。

(1)　(2)　(3)　(4)

鏟子

鏟子的尺寸多樣，大至建築用鏟子，小至像湯匙一樣的鏟子。請根據使用的土壤種類、盆器大小、移動的土壤量等，備妥與使用不同尺寸的鏟子。大鏟子 (1) 主要用於室外庭園；外型像挖冰勺的鏟子 (2)，適合用於移動的土量較多時；底部密合的筒形鏟 (3) 利於穩定地盛裝介質；末端尖細的鏟子 (4) 則是填補植物與盆器縫隙，以及固定時使用。

(1)　　　(2)　　　　　　　　(3)　　　　　　　　　　(4)

盆器種類

　　根據植物的種類與樹形、擺放位置，選擇合適的盆器。不同的形狀與材質會讓盛裝的植物與擺放空間呈現截然不同的氛圍，因此必須慎重考量。不合意的衣服可以隨時換穿，但想要更換種好植物的盆器可就沒這麼容易了。

紙盆、
椰纖盆
暫時移種或播種時使用。

復古陶土盆
製作陶土盆時，表面呈粗糙狀，且是會於室外風乾期間自然生成苔蘚的盆器。當盆器表面接觸日照與水後，苔蘚會長得更多。置於室外時，韻味倍增。

陶土盆
由陶土燒製而成的盆器，會因製作時加入的顏料產生不同色彩。在韓國、中國、越南、德國、義大利等世界許多國家皆有生產。不僅盆器表面通風，也很適合調整水分。

水泥盆

混合石粉、FRP（纖維強化塑膠）、泥土等製作而成。散發都會氣息的灰色調，經常用於設計具現代感的空間。

FRP盆
（Fiber Reinforced Plastics）

以經過熱加工的強化塑膠材質製成的盆器。輕巧而堅固，常用於大型盆器。

塑膠盆

有從栽培母株時使用的小尺寸到大尺寸等多樣的尺寸與形狀。不但不用擔心弄破，輕巧的重量亦適合用於任何空間。掛在牆上也很合適。

瓷盆

散發高級感的色澤是一大優點。適合不允許看見水漬的體面空間。與陶土盆的重量幾乎相同，但水分流失的速度比陶土盆慢。

Step 4

光靠換盆就能救活植物

　　什麼時候該換盆呢？首先，如果買回來的是裝在輕薄塑膠盆裡的植物，就得立刻換盆。經常能在花店見到的褐色塑膠小盆，是為了在狹窄的空間裡移動大量植物，但這種盆器的尺寸對植物的生長而言實在太小了。此外，為了減輕重量，也常有使用沙子或塞入過量保麗龍代替土壤的情況。因此，若澆水時水分會立刻流光，或是出現沙子流失的狀況，則必須換盆。栽培植物期間，也要根據植物的成長狀況定期換盆。

從花店買回來裝在塑膠盆的植物，通通得換盆。

換盆

　　從原有盆器移至較大盆器的週期，以一至兩年換一次為佳。不過，如果遇上有些植物不用一至兩年就像青春期咻地一下突然長很高時，就得趕快換盆了。當根部竄出排水孔時，代表的是盆器尺寸比植物小。此外，若原本長得好好的植物某天忽然停止成長且葉子開始變黃與掉落，意味的是土壤已經完全失去養分，或布滿盆內的根導致成長困難。這些都是需要立刻換盆的信號。

根部長了很多，所以竄出排水孔。

營養不足時，葉子會開始變黃並接續掉落。

換盆方法

　　比原有盆器的尺寸大約1.5倍的新盆器是較適當的選擇。儘管沒有規定的比例，但在栽培植物時，都得仔細看看是否太大或太小。由於要將原來就是大尺寸的盆器更換成更大的盆器並非易事，因此可以改用移除舊土，更換新土的方式完成換盆。此時，得一併整理根部才行。狀態呈白色、圓滾滾的根，即是健康的根。變黑或是會從中央掉落的打結根團，則建議移除。

根部健康時的模樣。

變黑、變軟的根部，光是用手觸碰就會掉下來。

預覽換盆過程

準備→擋住排水孔→製作排水層→調配土壤→分離母株→整理根部→
種植母株→壓實土壤→澆水→覆蓋→裝飾→完成

覆蓋（mulching）

種完植物後，於土壤上鋪放裝飾石、苔蘚、樹葉等介質的步驟。
整理亂糟糟的土壤，並維持土壤的水分與溫度。

1 準備

準備即將移植的植物、新盆器、土壤、園藝工具。

2 擋住排水孔

使用底網完全擋住排水孔。為了防止底網會在裝土時移動，請避免將尺寸裁剪得太大或太小。亦可使用洋蔥網袋或不織布代替底網。

……… 排水層

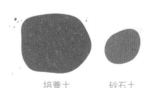

培養土　　砂石土

3 製作排水層

排水層是鋪放在盆器最底部的土壤，有效幫助盆內的土壤不流失，同時又能順利排出水分。大多使用礫石，亦可使用洗滌砂石土或火山石。鋪排時以能擋住排水孔的程度為主，約占盆器整體高度的10～15%。

4 調配土壤

一般會選擇將培養土（換盆土）和砂石土混合後使用。市面販售的培養土會添加珍珠岩以提升排水性。此處則會混入10～20%的砂石土，提升排水性。越是耐旱的植物，越要加入更多砂石土。先鋪些報紙，再按比例將土壤倒入土桶後使用鏟子調配，以免把地板弄得髒兮兮。

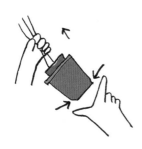

5 分離母株

稍微按壓塑膠盆器的底部後，以傾斜的狀態小心地取出母株。此時的母株根部會因盆器模樣盤成圓滾滾的狀態，當根部已經從排水孔竄出時，代表盆器太小了。

6 整理根部

當根部顏色已經變黑時，代表根部已經死亡，建議去除。雖然可以將打結的根部全都解開整理，但這麼做可能會對根部造成壓力，對初學者而言比較困難，建議省略這個步驟。

80%

7 種植母株

放入於步驟4調配完成的土壤。過程中，請試著反覆將母株放入盆器調整。當母株位置達盆器高度的80%時，可再添加些許土壤。最後，將母株種在盆器中央即可。

8 壓實土壤

將土壤填補至與母株差不多高度後，敲擊盆器並鋪平土壤。接著伸出手指，輕力壓平土壤。土壤被壓得太緊的話，不僅會導致根部無法呼吸，也有礙吸收水分；相反，土壤太鬆的話，可能會造成植物傾倒，因此請以「十」字於周圍多壓一至兩次即可。

介質

9 澆水

當根部暴露於空氣時，植物便會開始乾枯。請將水均勻、充分地澆入土壤，確實去除土壤中的空氣。緩緩轉動澆水器或噴霧器，直到水開始流出盆器底部為止；假如水完全流出盆器的話，請再重複相同動作兩次。

10 覆蓋

澆水時，需如上圖一樣，讓土壤毫無縫隙地完全填滿至排水層。接下來，輪到覆蓋的部分。請覆蓋一至兩層介質，避免下層土壤溢出。操作覆蓋步驟時，土壤的適當高度是在盆器的85%。

11 裝飾

使用石頭或名牌裝飾。放滿石頭的話，可能會對根部造成壓力，適量即可；至於名牌，則是可以在上方記錄植物的名字與栽培日期。

12 完成

是不是依然不清楚呢？那是當然。光靠文字是絕對比不上親手的操作，務必得實際種一株植物以熟悉過程。

Step 5

栽種第一株
綠色植物

龜背芋

學名	*Monstera deliciosa*
英文名稱	Swiss cheese plant, Fruits salad plant
科	天南星科
原產地	熱帶美洲
日照	散光處或日照光線稍微不足的陰涼處亦可。
水量	表土乾燥時，請澆透水；建議每天噴霧。
溫度	20～25˚C，最低5˚C

　　這是近期於室內設計時，相當受歡迎的植物。過去通常只能在室內見到插花的擺飾，現在則多了不少栽種植物的家庭。寬大的葉片與獨特的裂葉模樣，不僅看起來美麗，照顧方式也很簡單，絕對是我敢自信十足地推薦給園藝初學者的植物。

　　龜背芋的原產地是墨西哥南部。試著想像一下熱帶雨林的環境——充滿密密麻麻大樹的森林。有些小樹木是透過接受大樹的樹枝間灑落的日照成長，而龜背芋則是生長在比這些小樹木更低之處。除了因為被其他樹木遮蔽而無法接受太多日照外，能吸收的雨水自然也很少。生長於這種環境的龜背芋，在日照稍微不足的環境也能順利長大，水分不夠也不會敏感地產生反應，所以很適合種在室內。

　　龜背芋葉片上的孔洞，是為了均分不足的日照與水分才進化而成的型態，確實是一種相當體貼的植物。龜背芋是生長於接近地面的植物，因此具有毒性的根、莖、葉即是為了在草食動物的攻擊下存活的方法。雖然毒性不強，種在家裡也不會有什麼問題，但家裡有免疫力較弱的孩子與伴侶動物時，則得注意別把龜背芋放進嘴裡了。

[栽種龜背芋]

1　剛開始栽種時，建議選擇20～30cm的母株。尚未出現孔洞的母株，須等到再長出3、4次新葉才能看見孔洞。每當見到新葉冒出時，都能感受栽培的成就感。

2　依母株與整體比例決定盆器尺寸。基本上比盆器大1.5倍，會是較適當的選擇。請根據擺放的位置挑選盆器的材質與顏色。

3　使用底網擋住排水孔。底網比排水孔稍大為佳；尺寸過小的底網會在倒入土壤時移動，需格外留意。

4　於盆器最底部鋪上礫石製作排水層；排水層以能擋住排水孔的程度為主，此處則是鋪了高度約2cm。

5 於營養土中加入適量砂石土調配。市面販售的營養土大多加入了腐葉土與珍珠岩，因此排水性佳，但如果能再加入10～20%的砂石土，排水性會更好。

6 輕輕按壓塑膠盆器的底部，小心取出母株。此時的母株根部會因盆器模樣盤成圓滾滾的狀態；當根部已經從排水孔竄出時，代表盆器太小了。

7 健康的龜背芋根部呈白色、粗壯貌。根部變黑的話表示已經死亡，請將其移除。雖然可以將打結的根部全都解開整理，但這麼做可能會對根部造成壓力，對初學者而言比較困難，建議省略這個步驟。

8 當母株位置達盆器高度的80%時，可再添加些許土壤。最後，將母株種在盆器中央即可。

9 伸出手指，輕力壓平土壤。土壤被壓得太緊的話，不僅會導致根部無法呼吸，也有礙吸收水分；相反，土壤太鬆的話，可能會造成植物傾倒，因此請以「十」字於周圍多壓一至兩次即可。

10 當根部暴露於空氣時，植物便會開始乾枯。請將水均勻、充分地澆入土壤，確實去除土壤中的空氣。緩緩轉動澆水器或噴霧器，直到水開始流出盆器底部為止；假如水完全流出盆器的話，請再重複相同動作兩次。

11 請覆蓋一至兩層火山石，避免下層土壤溢出。操作覆蓋步驟時，土壤的適當高度是在盆器的85%。

12 使用石頭或名牌裝飾。最後，使用材質柔軟的布擦拭沾附於葉面的灰塵與汙漬。

[栽培龜背芋]

剪枝

氣根

1 由於龜背芋是蔓性植物，因此實際栽培後，發現莖部會不停向外延伸，形成難以接受的紊亂形狀。請透過適當剪枝，為龜背芋打理好狀態。修剪時，請將包含從莖節向外延伸的氣根（暴露於空氣中的根）在內，由莖節下方剪除。

2 若將剪下的莖部插入水中，即會從莖節部分再生根，成為全新的個體。

氣根生長的模樣

圖中是氣根長長的模樣。氣根，是植物本身為了調節水分與濕度而暴露於空氣的根部，剪除也無所謂。

新葉生長的模樣

龜背芋的新葉捲成圓圓的模樣。呈淺綠色的細嫩、柔滑葉子。光是手的溫度都會燒傷新葉，所以請不要刻意撫摸或將它攤平。

管道

龜背芋 Monstera deliciosa

葉子裂成一片片的模樣，是最常見的龜背芋。如果不立支架的話，莖部則不會
向上延伸，而是垂向旁邊。擺放於寬廣的空間時，能有效使室內設計散發充滿
活力的氛圍。若使用水管當作支架，即可讓莖部攀附並向上生長，長得像棵樹
一樣。

姬龜背　Rhaphidophora tetrasperma

葉子小，型態類似小巧型的龜背芋。

小龜背芋　Monstera adansonii

相對於龜背芋，葉子較小，孔洞也較「戲劇化」。
呈現方式以長長的流蘇型態向下垂墜，或使其沿著攀爬棒向上生長。

藍星花

學名	*Evolvulus glomeratus*
英文名稱	American blue, Blue daze, Dwarf Morning-glory
科	旋花科
原產地	巴西、巴拉圭
日照	喜歡陽光；室內也無妨。
水量	表土乾燥時，請澆透水。喜歡水，但請不要過濕。
溫度	10°C以上

　　藍星花是能教懂人何謂「栽培樂趣」的植物。每天早晨見到盛放的小藍花，是讓人忍不住想將它放在視線範圍內的「討注意鬼」。又因為喜歡水的緣故，實在很難懶惰以待。口渴時，葉子會捲起與變白；如果幾天忘記澆水也沒有死的話，只要一澆水又會立刻活過來。它會寬容地原諒我們的小錯，所以請不要輕易放棄。

　　本來生長於中、南美洲等又熱又濕的地區，只要待在天氣轉涼的室外，很快就會凍傷；此外，由於不耐直射光線，所以夏天種在室外的話，葉子也會變成燒焦的褐色。因此，藍星花適合種在室內。如果將它擺在家中最明亮的位置栽培，一整年都能不停見到開花的景象。白天開花的藍星花，一到夜晚便會枯萎，僅有一天的壽命。到了隔天，又會從另一個位置綻放花朵。日照不足時，葉子的間距會變寬，並出現徒長的情況，且不再開花。若想見到茂盛的花，可以先替每個枝條修剪一次後，再置於明亮的地方。

　　藍星花可以使用打理垂墜植物的方式照顧，但它不會像藤本植物般捲起來。學名是*Evolvulus*的藍星花，在拉丁文中代表的是「展開」的意思。葉子表面呈綠色，背面則是閃著銀灰色的光澤。藍色的花瓣搭配位於正中間的白色花蕊，給人相當清新的感覺。

[栽種藍星花]

1 準備10cm的藍星花母株、盆器、土壤、園藝工具。使用底網擋住排水孔。

2 於盆器最底部鋪上礫石製作排水層。此處的盆器高度約為12cm，不是太深，所以鋪上剛好能擋住排水孔的1cm左右。

3 於培養土中加入10%砂石土調配。

4 一手握住植物的頸部，另一手按壓塑膠盆底部的邊角，取出母株。

5　盤滿底部的細根並不容易整理。輕輕拍掉亂
　糟糟的土壤即可。

6　將母株置於盆器中央。先用手撥開葉子，再
　倒入土壤，以免葉子被土壤弄髒。當盆器不
　太深時，不要先將土壤倒在礫石上。

7　伸出手指，輕力壓平土壤，讓母株能站穩；
　按壓一至兩次即可。

8　請緩緩地將水均勻澆入土壤，確實去除土壤
　中的空氣。重複澆水兩至三次。

9 砂石土很適合亮色的陶土盆。覆蓋時,需仔細填滿盆器邊緣與母株的根部周圍,避免下層土壤溢出。

10 裝飾盆器並整理植物模樣。剪除兩側像鬍子一樣長長下垂的枝條。經過修剪後,每一個枝條會再長出兩個枝條,樹形整體會變得更茂盛。

[栽培藍星花]

水培

1 將莖部剪下後，拔除下方約5cm的葉子。插入小盆器內，進行水培。

2 經過2至3週後，水培植物的莖部會開始長出根。當莖部長出花芽後，便會繼續開花。等到根部長到一定程度時，即可重新移植至盆器。

缺水時

缺水時，葉子會立刻乾枯。一般來說，當葉子稍微開始變乾時就得澆水，但就算乾枯程度已經如上圖一樣嚴重，依然可以救得活。使用盆底吸水法靜置約30分鐘後取出，並從土壤表面頻繁地澆水。

經過兩天後，即可如上圖一樣重新活過來。或許，這就是栽培藍星花的樂趣吧？

葉子燒焦的模樣

一旦日照太強，葉子便會被燒得通紅。夏季時，建議移入室內。

家中的小森林，
觀葉植物

　　所有植物皆是透過光合作用吸收二氧化碳，並製造氧氣。與其刻意分類什麼是「淨化空氣的植物」，事實上卻是所有植物都具有淨化空氣的功能才對。在所有植物中，尤其觀葉植物大多擁有寬大的葉子，因此更活躍於能排出氧氣的作用，而成為淨化空氣的植物的代表。觀葉植物通常出現在熱帶雨林裡，透過由茂密的樹林間灑落的微量日照成長，後來隨著越來越受人們的歡迎才被帶進了室內，所以又被稱為「室內植物」。如前文提及在第1週種植的龜背芋，即是相當具代表性的室內植物。試著藉由擁有清爽綠色與獨特紋路的迷人觀葉植物，將自己的家打造成森林吧！

Step 1

適合不同室內空間的植物

栽培觀葉植物時，最需要考量的部分自然是「日照」。**按照日照量多寡、通風與否，挑選合適的植物；相反，若想栽培特定的植物，則得檢視哪個地方符合這種植物需要的環境條件，然後將其置於合適的位置。**改變房子不是易事，所以必須選擇適合家中室內、外環境的植物。如果沒有院子或頂樓，那就栽培在室內環境也能好好成長的室內植物。不妨挑選一株適合栽種在家裡窗邊的植物吧？

琴葉榕

紅邊竹蕉

建議將室內植物擺放於客廳最明亮的窗邊。

按照窗戶位置

　　根據家裡哪些地方有窗戶、窗戶是朝哪個方向，日照量多寡都不盡相同。依窗戶的位置，決定究竟該將植物擺在哪裡。不過，因為玻璃窗會阻擋植物生長需要的可見光，植物難免會長得比種在室外虛弱些。一天至少讓植物直接接受3至4小時的日照和通風會比較好。

向東　　溫和的陽光從早晨照射進來後，至中午左右遠離。適合種葉子大的觀葉植物。

向西　　傍晚時，陽光能深深地照進室內，剛好填補植物一整天不足的日照量。
　　　　不過，請留意盛夏時可能會將植物晒傷。

向南　　家中相當適合種植物的方向。全日皆有明亮的日照，適合栽培多樣種類的
　　　　植物。

向北　　這個方向的陽光更接近明亮的「氣氛」，而非「日照」；適合陰性植物生長。

推薦給不同空間的植物（參考p.62～63）。

按照空間

客廳

推薦植物： 旅人蕉、愛心榕、琴葉榕、姑婆芋

除了陽台外，家中的大窗戶前是日照量最多的地方，因此也是最適合擺放大葉子且色彩清新的觀葉植物之處。若日照太過猛烈，亦可將植物移至客廳陰涼處，或以薄窗簾遮住窗戶。植株高大或葉子大的植物，正好成為客廳室內設計的畫龍點睛之物。

....

臥室

推薦植物： 羽裂蔓綠絨、石筆虎尾蘭、虎尾蘭

在臥室擺放淨化空氣能力強的植物是很好的選擇。羽裂蔓綠絨除了是只要些許日照就能活得很好的植物外，吸收甲醛等化學成分的效果也很出色，有助於緩解鼻炎；石筆虎尾蘭、虎尾蘭的照顧方式簡單，夜晚時會產生大量負離子，具有助眠效果。

....

廚房

推薦植物： 串錢藤、猿戀葦

由於廚房的日照量少，無疑是植物比較難生長的地方。推薦在餐桌上擺放水培植物。如果流理台前有氣窗的話，可以試著種些垂墜植物。儘管流理台周圍是相當容易變得亂七八糟的地方，但只要一株小小的植物就能成為令人喘口氣的焦點。串錢藤與猿戀葦是攀附著木柱而非土壤生長的植物，因此非常易於懸掛。

書房

推薦植物： 水培植物、苔蘚、空氣鳳梨

若是日照較少的空間，即可利用只要少量日照就能長得很好的植物添加些許色彩。比起暴露於空氣中，選擇將苔蘚放入玻璃瓶內的方式，更能享受置身清新森林的感覺。建議將常春藤或黃金葛等植物插入小瓶中後，擺在書架上。書房的氛圍會變得更加生氣盎然。

浴室

推薦植物： 八角金盤

由於浴室是濕氣多且相對昏暗、狹窄的地方，所以能種的植物種類不多。如果是沒有窗的浴室，建議索性不要擺放任何植物；如果有小窗，將植物的一、兩根莖部採水培方式插入小瓶中則會是最好的方法。像是有辦法分解氨（阿摩尼亞）的八角金盤之類的植物也不錯。

陽台

推薦植物： 香草植物、天竺葵等花盆

如果有個向南的陽台，對栽培植物的人來說絕對是種福氣。不僅能栽種各種室內植物，還能栽培許多人渴望擁有的香草植物與尤加利，甚至還能種藍莓、花卉。不過，由於玻璃窗會阻擋植物生長需要的可見光，所以一天至少開窗3至4小時，好讓植物能茁壯成長。

Step 2
了解後會發現相當簡單的觀葉植物照顧方法

與第1週學到的基本照顧方法並無太大的不同。只要記得最重要的日照、水、空氣、土壤即可。觀葉植物大多是會超過1m的植物，盆器也比較大，水分流失的速度自然比較慢，因此才更需要格外留意。另外，為了讓觀葉植物扮演好淨化空氣的角色，也得特別花心思照顧葉子。

澆水

這次的原則同樣是「表土乾燥時澆足水分」。每次「莫名感覺土壤有點乾」時就隨手澆一、兩杯水，是最危險的澆水方法。非但下層的根部無法確實吸收水分，連帶使土壤表面長期處於潮濕的狀態，最後可能導致根部上層腐爛。間歇式澆水，維持水分充足這件事相當重要。澆水後，請倒掉盆器水盤的積水。一旦盆器底部的土壤經常潮濕，除了有過濕的問題，也可能成為蚰蜒、鼠婦、根潛蠅等害蟲孳生的原因。此外，**家裡只要一個人負責澆水就好**。如果全家人都按照自己的方式澆水，勢必會產生過濕的問題。當煩惱著該不該澆水的時候，請先不要澆水。原因在於，過濕才更危險。

過濕的情況	**水分不足的情況**	**濕度低的情況**
徵狀：植物下層的葉子開始變黃、掉落。	**徵狀**：葉子末端呈乾枯狀；葉子失去彈性，且變得垂軟。	**徵狀**：葉子末端變成褐色、乾枯。
解決方法：先將植物移出盆器後，置於通風的陰涼處風乾。	**解決方法**：緩緩、均勻地倒入水分。直至排水孔開始滲出水分即可。	**解決方法**：於葉子與植物周圍噴霧，提高濕度。

提高空氣濕度

將植物照顧得健健康康的方法，即是提高空氣濕度。室內植物的原產地多是樹木茂密的森林，因此周圍皆是潮濕的環境。考量到像韓國這種乾燥的居住環境，其實每天噴霧也不會過度。冬天時，請一天噴霧3至4次。

照顧葉子

植物的葉子會吸附空氣中的灰塵，達到空氣淨化的效果。換句話說，意味著灰塵容易附著於葉子上，一旦置之不理，等到葉子累積了白白的髒汙時，便會降低淨化空氣的效果。**為了減少灰塵附著的情況，建議經常擦拭葉子。**擦拭時，請一併擦拭表面與背面，順便解決或許存在的害蟲。由於嫩葉較薄、較脆弱，所以不需要擦拭。反而應該留意可能因手的溫度而燒傷等各種易於使嫩葉受傷的情況。

Step 3

管理營養劑與防蟲害

栽培植物時,最大的樂趣在於感受植物的成長。當見到植物冒出嫩葉、長高、開花的模樣,實在令人滿足。然而,同時卻也免不了要面對妨礙植物成長的病蟲害。Step 3將帶各位了解如何正確使用有助於植物生長的營養劑,以及預防、解決病蟲害的方法。

葉子傳遞的信號

我們一起認識葉子傳遞的信號,以及出現這種信號的主要原因。事實上,光是葉子變黃的原因就有太多種可能性了。水分不足、水分過多,葉子都會變黃;營養不足卻沒有及時換盆或土壤的酸性不合適時,葉子也會變色。因此,當有人問「為什麼我家的植物會這樣?」時,實在很難果斷回答。若是植物的狀態看起來不太好,也可能會在一一檢查過「自己是如何澆水?」「盆器擺放的環境如何?」「照顧植物的過程又是如何?」等問題後,找到意料之外的原因。

關於細菌的徵狀

黑星病：
當發生於死掉
的樹枝的細菌
轉移時

關於水與營養的徵狀

不開花時：
營養過多

灰黴病：
低溫且濕度高時

上層葉子變黃時：
土壤酸性問題

花朵快速凋零時：
高溫、水分不足

葉子末端呈枯
褐色時：乾燥

葉子變深綠色或
失去紋路時：乾燥

白粉病：
不通風且高溫
多濕時

葉子長出白斑時：
營養（錳）不足

葉子長出黃斑時：
營養（鉀）不足

黑腐病：
不通風且濕度高時

嫩葉乾枯時：
營養（氮）不足

變黃、變乾、
掉落時：營養不足

下層葉子變黃、
掉落時：過濕

葉子變黑、變乾時：過濕

解決方法

- 需水時，定量澆水
- 定期於春季與秋季施肥
- 使用驅蟲藥事先預防

營養劑

於春、秋兩季添加營養劑為佳。夏季時，太過炎熱的天氣會使植物停止生長；冬季時，植物會因天氣寒冷呈蜷縮的狀態。相反，春季與秋季是根、莖、葉急速成長的時期。恰如青春期要多吃飯才能快點長高一樣，植物同樣需要在生長期時補充營養，才能長得又高又壯。營養不足時，生長緩慢；營養過度時，徒長或不長花、葉。一切都要適量！

何時

- 4～5月與9～10月間，1～2週1次。
- 換盆後經過長時間營養流失時。
- 葉子變黃與掉落時、花含苞待放時、大量修剪根部時。

如何

- 參考產品說明書後，噴灑於土壤整體。葉子的部分，也請使用噴霧的方式施肥。
- 固體肥料：置於土壤表面，每次澆水時都會些許溶解的緩和型肥料。
- 液體肥料：請用水充分稀釋後使用。以觀葉植物為例，稀釋比例約為1：1000～2000。

營養劑的三大營養素

氮N：修剪葉子時，需要的養分。氮不足時，葉子會變黃且會從嫩葉開始乾枯。

磷P：有助於花與果實生長的養分。磷不足時，無法開花。

鉀K：根部需要的養分。鉀不足時，生長速度減緩，葉子會長出黃斑。

液體營養劑

經稀釋的營養劑；只要插在土壤裡即可，相當方便使用。

液體綜合營養劑

包裝寫有如「7-10-7」之類的數字，代表的是「氮—磷—鉀」的比例。將原液加入水中稀釋後使用。具代表性的產品為Hyponex High Grade。

油粕肥料

請將有機肥料用於室外盆器。動物可能因誤食此種肥料而死亡，請格外留意。

液體根部營養劑

有助於根部長得壯實的營養劑。建議換盆後使用。由於是液體的緣故，請充分稀釋後再使用。具代表性的產品為Hyponex活力液、WUXAL Radicular。

固體營養劑

黃色顆粒狀，常見於購自農場的盆器。請不要誤會它是蟲卵。

固體綜合營養劑

置於盆器表面，每次澆水時都能溶解些許營養劑滲入土壤。

69

病蟲害

　與植物一起的生活，少不了病蟲害入侵。土壤、水、植物存在之處，難免會有蟲孳生，無論再怎麼謹慎預防與控制，這些難纏的傢伙依然會現身。有些是益蟲，有些則是一發現就得立刻消滅。舉例來說，像是背上有七顆星的瓢蟲即會捕食蚜蟲，因此我們必須好好款待才行；蚯蚓則是能使土壤變得肥沃的小傢伙。然而，大部分都是害蟲。怕蟲的話，是不可能好好栽培植物的。加油！

因過濕引起的蟲害

根潛蠅

於植物周圍飛來飛去的黑色飛蠅，且會在土壤裡產卵。簡單的解決方法是將蘋果或馬鈴薯切成薄片置於盆器，待根潛蠅黏住後再處理。處理蟲卵時，可於澆水時加入Konido（p.72）。

鼠婦、蛞蝓

附著於土壤周圍或盆器底部以啃食葉子維生。其分泌物對葉子有害，必須噴藥去除。簡單的解決方法是將裝有啤酒的杯子置於盆器旁，誘惑蛞蝓進入後再處理。

因高溫乾燥引起的蟲害

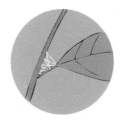

蟎

於樹枝間結網，蟲體看起來像橘色小點。

吹綿介殼蟲

外型像棉花的白蟲，附著於葉片或樹枝。成蟲長得像一般小蟲，但屍體會凝乾在葉子上，乍看之下又不像小蟲。

薊馬

大小約1～2mm，是體型小而細長的害蟲；成群附著於葉子背面。

介殼蟲

硬殼型態的害蟲。當葉子沾附著類似糖水的黏稠物時，即可懷疑是否由介殼蟲引起。

溫室粉蟲

白色的小飛蟲附著於葉子背面，且會迅速地飛來飛去；其分泌物對葉子有害。

蚜蟲

主要發生於將原本種在室外的植物移入室內時，大多附著在嫩芽或嫩葉背面。

看起來像生病時

- 清除生病的葉子。
- 1週噴霧1次殺菌劑。

看起來像有蟲時

- 先隔離，避免轉移至其他盆器。
- 抓到蟲後，以濕紙巾擦拭乾淨。
- 1週噴灑1次藥。

嚇得無法面對蟲時

- 避免承受太多壓力，索性在轉移至其他植物前果斷放棄。
- 將植物與土壤通通丟掉後，噴灑殺菌劑消毒盆器。

使用殺蟲劑的注意事項

- 戴口罩，並打開窗戶保持通風。
- 建議早上使用；避免於下雨天與噴灑過營養劑的日子使用。

Pro Kill、Road Kill

綜合殺菌劑，1週酌量使用1次，預防根部病蟲
害。

Mammoth、Pangjugeo、Holikueo、Daisenem、Konido

（編註：部份產品台灣未進口，詳情可上網查詢）

蛋黃油

有效預防蚜蟲、蟎、吹綿介殼蟲。

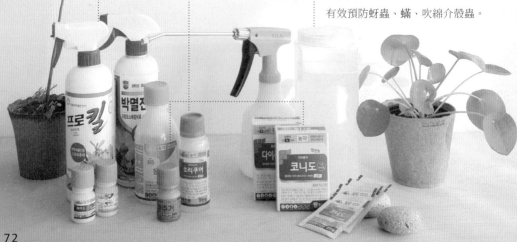

天然驅蟲劑：蛋黃油

　　當家中有孩子或伴侶動物時，使用農藥一事立刻變得令人十分猶豫。此時，請試著製作與使用對人體無害的天然驅蟲劑。「蛋黃油」原本是使用蛋黃與食用油製作而成，但其實只要使用美乃滋就能簡單完成。將分量約等於小指指甲大小的美乃滋倒入2ℓ水中後，搖晃至完全溶解為止。靜待顆粒細細地散開，即大功告成。

　　噴灑蛋黃油前，請先消除小蟲。接著，每隔2至3週於葉子噴灑一次蛋黃油，便可達到驅蟲效果。不過，若噴灑過量的蛋黃油，反而會變成植物的塗層，導致生長變得緩慢。

與伴侶動物一起栽培植物

與狗或貓等伴侶動物一起生活的家庭不在少數。大部分動物都會因為滿滿的好奇心，而在見到家中出現新植物時，非得上前聞一聞，甚至吃上一口才行。除了好奇心的緣故，據說動物們也有在消化不良或身體不舒服時撕咬葉子來吃的習慣。不過，關於這種植物「能吃嗎？」「有毒嗎？」等問題，實在令人憂心。對動物有害的植物絕對存在，像是野生植物中的夾竹桃（製作毒箭的木頭）、烏頭草（毒藥的原料），便是具有劇毒的植物。本節主要向各位介紹室內栽培的植物中，究竟哪些種類具有輕微毒性。

貓草 Cat grass

　　養貓時，栽種一些貓喜歡的植物會是個不錯的方式。如此一來，貓就不會吃其他植物了。大麥、小麥、燕麥，被合稱為「貓草」。對貓的消化有益，多吃也無妨。就算努力種完後，貓不吃，主人也可以剪下來加入野菜拌飯自己吃。

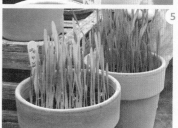

1 將土壤裝入盆器後，撒下種子。間隔為密密麻麻的0.5～1cm也無妨。

2 以約0.5cm高度的土壤均勻覆蓋種子。

3 使用噴霧器充分澆水，盡量維持土壤濕潤。

4 經過3～5天後，開始發芽。

5 自此之後會有明顯的成長。請修剪5～6cm長度，獻給貓主子。

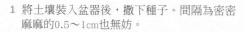

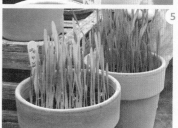

對伴侶動物有害的植物

　　植物為了自我保護，確保自己能在遠離草食性動物的安全環境繁殖，因此常能發現其莖、葉具有毒性的情形。即使是不會對人類有害的程度，但若家中有小孩或動物時，請務必於栽培植物前仔細確認。

天南星科
- 天南星科植物大多具毒性。
毒性：不溶性草酸鈣。
徵狀：刺激口腔，灼傷嘴脣與舌頭；造成過度流口水與飲食吞嚥困難、嘔吐的情況。

姑婆芋

龜背芋　　　　黃金葛　　　　黛粉葉　　火鶴花　　　　白鶴芋

紅邊竹蕉

毒性：不明。

徵狀：嘔吐（嘔吐物可能帶血）、憂鬱症、食慾不振、流口水、暴食等；尤其是貓會出現瞳孔放大與心跳加速的情況。

蘆薈、虎尾蘭、文竹、常春藤

毒性：皂素。

徵狀：嘔吐、憂鬱症、腹瀉、食慾不振、尿液變色等。

橡樹、垂榕

毒性：蛋白酶、補骨脂。

徵狀：刺激腸胃、皮膚發炎。

對伴侶動物安全的植物

　　在此向各位推薦幾種既能在家輕鬆栽培，又對動物安全，且具有淨化空氣效果的植物；甚至特地挑選了葉子形狀方便動物入口的植物種類。如果家裡有喜歡吃草的小傢伙，絕對是一石二鳥之選。

波士頓腎蕨
對於去除空氣汙染物質中的甲醛特別有效。藉由葉子排出的水分，提高室內濕度。

吊蘭
淨化空氣的效果極佳。尤其能有效減少油漆裡的化學物質，幫助消除新屋症候群。

球蘭
有效去除油漆、清漆、廢氣等內含的化學成分二甲苯。

散尾葵、袖珍椰子、馬拉巴栗

有效減少揮發性有機化合物。扮演著提升整體空氣品質與天然加濕器的角色。對患有氣喘與肺疾病的人有很大的幫助。

竹芋

吸收揮發性有機化合物與灰塵等室內汙染物質，打造宜人的環境。除了淨化空氣的效果出色外，同時也扮演提升濕度的天然加濕器角色。

以形形色色的裝飾品打造的室內庭園

　　無論是室內或室外，比起只有植物，一併擺放多樣的裝飾品能承載加倍豐富的故事。猶如在電影《艾蜜莉的異想世界》裡，生活在庭園裡的小矮人環遊世界回來後，迎來澈底改頭換面的庭園。善用躲在葉子間的貓與鳥、動物造型燈、裝有漂亮蠟燭的提燈、掛在葉子上的樹懶、孩子創作的畫等，讓庭園成為更迷人、美好的空間。

試著將孩子們的玩具或模型擺在盆器之間。

繪畫也是庭園裡相當重要的元素。

試著掛上適合家中氛圍的燈具。
白天接收日照後，
一到夜晚便會自動亮起的燈具，
能讓夜晚的庭園變得更美麗。

這是能掛在莖上的「動植物」。

Step 5

種一棵高植株
觀葉植物

愛心榕

學名	*Ficus umbellata*
英文名稱	Ficus umbellata
科	桑科
原產地	熱帶非洲
日照	避免直射光線，稍微遮蔽的陽光或散光處。
水量	表土乾燥時，請澆透水。
溫度	21～25˚C，最低13˚C

　　常見於室內設計雜誌的愛心榕，是亮光下能看見葉脈的漂亮橡膠樹之一。藉由寬大葉片上的無數氣孔排出氧氣與負離子，有助於淨化空氣，對去除菸味的效果尤佳。雖然大部分的橡膠樹在陰涼處也能長得很好，但還是建議將愛心榕置於稍微明亮的地方。如果能擺在緊貼著晴朗陽光照映的客廳窗邊，將會是最佳選擇。由於較不耐寒，因此請在冬天時移入室內。愛心榕又寬又厚的葉子能儲存水分，即使稍微缺水也不會出現太敏感的反應。不過，可是承受不了過濕的環境喔！照顧時，建議採取保持根部乾燥與高濕度的原則。

[栽種愛心榕]

1 這是長期生長在小盆器的植物。這次要將它換到稍大的盆器內栽種，選擇的是直徑28cm的水泥盆器。

2 使用底網完全擋住排水孔。鋪上約占盆器整體高度10～15%的礫石製作排水層後，接著以7：3的比例加入有助於排水的培養土與砂石土（或是排水用的珍珠岩）。

3 取出母株前，請先確認盆器底部。當根部呈竄出排水孔或打結的狀態時，得先清除竄出的根部與乾硬的土壤。

4 一手握住樹枝下方，另一手使用橡膠槌環狀敲打盆器側面，分離土壤與盆器。接著，只要敲一敲盆器上方，即可輕鬆取出植物。

5　輕輕撐一撐已經長成盆器形狀的根部，並解　6　將植物置於盆器中央後，均勻加入土壤。
　　開整理。清除軟爛與變黑的根部。

7　少量、少量加入土壤，直到充分覆蓋原有　8　當大型植物更換盆器或土壤時，尚未穩固的
　　部分即可稍微整理。為了避免傾倒，請以　　　扎根可能導致搖晃傾倒。用手整理後，再使
　　「十」字按壓植物周圍。　　　　　　　　　　用木棍或鏟子敲一敲以壓實土壤。請注意不
　　　　　　　　　　　　　　　　　　　　　　　要弄傷根部。

9　像沖滴漏咖啡般，分3、4次倒入3～4ℓ的　10　水在消除土壤中空氣的同時，卻也會在流動
　　水。建議由邊緣開始澆水，緩緩移向中央。　　　時產生一個個坑洞。記得替凹陷的部分重新
　　如果澆得太急，盆器內會產生水道，而水也　　　補滿土壤。
　　會沿著水道直接流失。

11　以洗滌砂石土覆蓋。使用像珍珠岩等質地較　12　鋪上滿滿的1.5～2cm高度的介質。如果使用
　　輕的介質時，每次澆水可能都會浮出表面，　　　其他顏色的介質，又會散發不一樣的感覺。
　　使盆器表面變得雜亂。

栽種後的照顧

長時間的栽種讓植物留下傷痕，修剪下方斑駁的葉子後，
將會長出更多新葉。

紅色的部分是新芽。等到裡面的新葉長出來
後，外層的紅色部分便會自然乾枯、掉落。這
是芽點，請勿修剪或觸摸。

為了讓葉子能好好呼吸，必須將堆積的灰塵擦
拭乾淨。植物剛換完盆時會比較虛弱，建議噴
灑些亮光劑抑制蒸散作用。

剪枝與插枝

1 如果想維持好看的樹形，剪枝是必要步驟。

2 由莖節下方俐落地剪除。

3 請用水輕輕擦拭截面滲出的白色液體。若白色液體跑進眼睛時，務必立刻清洗。

4 這是剪枝完成的模樣。芽點經修剪的樹木會將養分送往另一個方向。經修剪的莖節下方新芽會向兩側長出新枝與新葉，形成較起初更為茂密的樹形。

5 經修剪的莖節正下方，冒出了新芽。

6 逐漸冒出的新芽們，應該很快就能長出葉子。

7 越來越長的芽，變成了莖。

8 剪枝後，只要過兩個月，便誕生了一盆全新的愛心榕。

9 將步驟2剪下來的莖部插入水中，靜待生根。葉子對成長沒有幫助，很快就會變黃、掉落，屆時只要將其去除即可。

10 經過1、2個月後，樹枝上方會開始長出新葉，下方會長出新根。

11 移入各自的盆器內栽培。

適合種在室內的
橡膠樹

孟加拉榕

學名：*Ficus benghalensis*

英文名稱：Banyan tree, East Indian fig tree

特徵：葉子上有著迷人的斑紋。消除霧霾的效果極佳。

橡膠樹

學名：*Ficus elastica 'Robusta'*

英文名稱：Robust rubber tree, Rubber plant,
　　　　　Rubber tree

特徵：擁有細細、長長葉子的可愛橡膠樹。
　　　起初泛紅色的葉子，隨著長大後會
　　　漸漸變成綠色。

琴葉榕

學名：*Ficus lyrata*

英文名稱：Fiddle leaf fig

特徵：就算在客廳裡只放一個盆栽，琴葉榕的存在感也足夠龐大。
　　　葉子厚實的模樣，給人一種穩重的感覺。

印度榕

學名：*Ficus elastica*

英文名稱：Indian rubber tree

特徵：橡膠樹中最容易栽培的種類。寬大的葉子
　　　能有效分解空氣中的有害物質。

荷威椰子

學名	*Howea forsteriana*
英文名稱	Kentia palm
科	棕櫚科
原產地	澳洲
日照	散光處為佳；日照稍微不足也能長得很好。
水量	表土乾燥時，請澆透水。
溫度	15～24°C，最低13°C

　　雖然在原產地時能長到18m，卻不是成長速度那麼快的植物。據說，在歐洲自維多利亞時代（1837～1901年）起，便是相當受歡迎的室內植物。相較於其他椰子樹，荷威椰子不僅耐病蟲害，且能抵抗風與溫度的變化，是就算粗魯對待也能長得很好的乖巧植物。由於是生長於坡地與多沙處的植物，因此得種在排水性佳的土壤裡，並留意減少積水的問題。樹木的下方細薄，葉子呈拱形散開，比任何樹木看起來都令人感覺沁涼、優雅。

[栽種荷威椰子]

1 選擇水泥材質的盆器以凸顯修長、纖細的特
  質。

2 使用底網完全擋住排水孔。鋪上約占盆器整
  體高度10%的礫石製作排水層。

3 一手握住樹木下方，另一手使用橡膠槌環狀
  敲打盆器上方邊角，即可輕鬆分離土壤與盆
  器。

4 撢一撢失去養分的原有土壤。如果根部長得
  不多，即可輕鬆撢除土壤。

5　將母株置於盆器中央。

6　備妥以7：3比例調配完成的培養土與砂石土（或是排水用的珍珠岩），提升排水性。由於本來就是生長於沙地的植物，因此多加些砂石土也無妨。

7　將土壤均勻倒入盆器。少量、少量加入土壤，直到充分覆蓋原有部分即可稍微整理。為了避免傾倒，請以「十」字按壓植物周圍。

8　當大型植物更換盆器或土壤時，尚未穩固的扎根可能導致搖晃傾倒。用手整理後，再使用木棍或鏟子敲一敲以壓實土壤。請注意不要弄傷根部。

9 像沖滴漏咖啡般，分3、4次倒入3～4ℓ的水。建議由邊緣開始澆水，緩緩移向中央。如果澆得太急，盆器內會產生水道，而水也會沿著水道直接流失。

10 水在消除土壤中空氣的同時，也會在流動時產生一個個坑洞。記得替凹陷的部分重新補滿土壤。

11 以洗滌砂石土覆蓋。使用像珍珠岩等質地較輕的介質時，每次澆水可能都會浮出表面，使盆器表面變得雜亂。

12 多鋪上一層火山石。不同的介質顏色，能營造不同的感覺。

[栽培荷威椰子]

1 照顧椰子葉

偶爾會在網路上見到「剪掉椰子枯葉」的主張，但這其實是相當危險的行為。剪除椰子的葉子時，椰子會為了治療傷處而將所有營養集中至一個地方。如此一來，生長速度也會開始減緩，甚至不再生長。尤其若剪掉的是新葉或樹枝的話，後果更是致命，因此建議還是不要修剪葉子與樹枝為佳。假如乾枯得很嚴重，索性摘下整株葉子會是比較好的方法。

2 新葉

看起來像被修剪過的部分，其實是新長出來的葉子。外型類似竹籤的葉子長出來後，需要數週才會像既有的葉子一樣展開。新葉長得最大也最高。

每個人都栽培過一次的
多肉植物與仙人掌

　　多肉植物因為有個可愛的名字「多肉」，對你我來說絕對是再熟悉不過的植物了。為了適應幾乎不下雨的乾燥氣候或沙漠，多肉植物是擁有能將水分儲存在根部等其他組織的植物。白天為了抑制水分蒸發會關閉氣孔，等到夜晚再打開氣孔行光合作用，因此生長速度比其他種類來得慢。換句話說，即是新陳代謝比較慢的意思。儘管多數栽培多肉植物的原因都是「容易照顧」，但實際上是因為新陳代謝比較慢，死亡的過程才變得比較慢而已。世上不存在不用照顧也能活得好好的植物。與其他植物一樣，多肉植物同樣需要關心與愛，以及細心的照顧。

多肉植物與仙人掌一樣嗎？

　　仙人掌是無數多肉植物之一，但不是所有多肉植物都是仙人掌。此外還有既不是仙人掌，也不是多肉植物，卻擁有將水分儲存起來慢慢使用的「多肉性質」的植物；舉例來說，像是書帶木這種葉子厚實的植物。大部分的多肉植物都生長於非洲或印度等熱帶地區，且是乾、雨季相當分明的區域。相反，仙人掌則是大多生長於非洲大陸的沙漠。仙人掌的葉子是為了在乾燥的氣候存活下來才慢慢退化成針狀。

從寫好名字開始的多肉植物照顧方法

　　多肉植物超過200屬、15000種，而仙人掌也超過5000種。根據種類不同，有些喜歡水，有些討厭水，有些喜歡或討厭烈日。因為外型長得差不多，所以也很難區分。想要好好栽培多肉植物的方法是：買回來時先好好寫下它們的名字。同時，也必須先了解它們是擁有哪些特性的哪種多肉植物。

購入多肉植物後，請在盆器寫上名字
並好好了解其特徵與栽培注意事項。

盡可能多些日照

多肉植物一年四季都在大量日照的環境下成長。**居家栽培時，建議一天至少置於日照量多的地方3～4小時。**多肉植物與其他植物的成長方式一樣，而最重要的條件則是日照。即使每個人對於家中日照量最多之處的標準不一，**但這裡指的程度即是必須緊鄰著陽光直射的窗邊才行，並不是間接照射的陽光。**其實，連這樣的日照量對多肉植物而言甚至都有可能不足，而出現徒長的情況。

徒長時，葉子間的距離會拉大，枝椏會變得軟爛，葉子末端處則會變得尖細。當有些多肉植物的日照量不足時，會只顧著儲存水分與營養，導致生長速度變得極度緩慢。如果植株較大的仙人掌經過1～2年，依然維持原本的模樣，似乎就很難找到栽培的樂趣了。後來也會漸漸因此缺乏關心，最終出現枯死的情況。

相反，過於猛烈的日照也會對多肉植物造成傷害。如果一整天暴露在高溫的直射光線，多肉植物也會燒傷、燒焦。某些種類的多肉植物甚至在進入40°C以上的高溫環境時，會開始停止生長並進入休眠期。日照猛烈的夏季，請避開直射光線，保持通風並適當調整溫度。

黑法師接受的日照量越多，葉子的色澤越黑。一旦日照量不足，會由中心處的葉子開始變綠色與掉落。

請這樣澆水

　　成長於乾燥地區的多肉植物，每逢下雨時，根部與葉子便會儲存滿滿的雨水。接著，盡可能使用最少量的必要水分，撐過酷熱天氣，如此才能連在乾燥的環境也能適應得很好。其實，這種生存型態的多肉植物在生長期時，消耗水分的速度也會變快。

　　栽培多肉植物時，必須考量諸如此類的環境因素後再澆水。**最重要的是，每次澆水都要充分澆透，讓根部得以吸收水分並儲滿全身的水後，再放置於日照量多的地方，使殘留在根部的多餘水分變得乾燥。**

請勿頻繁澆水

　　在第1週學到的澆水原則「表土乾燥時澆足水分」，並不適用於多肉植物。即便土壤乾燥，多肉植物的體內依然存有水分，所以請等到表土完全乾硬時，再澆水即可。比起其他植物，澆水週期間隔較長。

小松綠雖是多肉植物，卻非常喜歡水。水分不足時會像花一樣，葉子變得蜷縮。

請勿讓盆器積水

　　當多肉植物的根部長時間處於濕潤的狀態時，便會腐爛。除了種植時必須使用排水性佳的砂石土，根部吸飽水後也得讓多餘的水分能輕易排出盆器。近來很流行將栽種在沒有孔洞的罐子或燒杯的多肉植物當作室內擺飾，但這種做法會讓多餘水分無法蒸發，澆水時需特別留意。

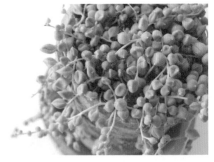

當綠之鈴的水分不足時，原本外型如同圓滾滾豆子的葉子會像被壓扁似變得乾癟。

當植物發出信號時，請澆一澆水

　　對植物而言，不存在「幾天澆一次水」的規則。越是這樣，越該留心注意植物發出的信號。多肉植物缺水時，會用整個身體傳遞信號。大部分的種類，莖與葉會先出現皺褶，就像我們待在澡堂待太久時，手指會變得皺巴巴一樣。若是葉子散開且外型像花的種類，則會出現葉子萎縮的情況。仙人掌肚子餓時，會呈現前胸貼後背的乾癟狀態。

吸收充足水分的仙人掌，有著圓滾滾的莖。

水分不足時，則變得乾癟。

八千代缺水時，葉子會產生皺褶且變得萎縮。

當原本保存綠珊瑚水分的葉子缺水時，葉子末端會出現皺巴巴的細紋。

不同季節的照顧方式

請定期於春季與秋季澆水

多肉植物與其他植物一樣會在春、秋兩季急速生長。此時,雖然需要定期澆水,但等表土完全乾硬後再澆水的原則不變。盆器越小、日照量越多、越通風,澆水的週期越短。

冬季時,請盡可能晒太陽

多晒冬陽的多肉植物,色澤也會變得美麗許多。某些種類的多肉植物,冬天比春天生長得更快。

請勿於雨季澆水

栽培多肉植物時,除了日照與水外,還有另一件事也得特別費心——濕度。以韓國為例,雨季時的濕度已經高得甚至會令多肉植物誤以為自己在雨中行走般。對多肉植物而言,無疑是最煎熬的時期。濕度變高時,感染軟腐病的機率也會升高。一旦葉子突然變得搖搖欲墜,便得懷疑是否染上軟腐病。多肉植物不是單靠根部吸收水分,而是同時也會透過莖與葉吸收空氣中的水分,**因此雨季時便已處在過濕的狀態了。經常下雨的時期,請完全停止澆水。**

春季與秋季的日照量越多,色澤越美麗。

請確認休眠期是夏季或冬季

　　當天氣太冷或太熱時，多肉植物會減緩新陳代謝，並進入休眠狀態。此時，必須完全停止給予水分。處於無法消耗水分的冬眠期間，多肉植物不僅可能被外來的水分凍死，同時若被水分喚醒，當下卻是很難消耗水分的狀態，可能就會死在滿滿的水裡。多數的仙人掌是在冬季休眠，至於像仙人之舞之類的多肉植物則是在夏季休眠。因此購買多肉植物時，請務必先了解它們的名字，並牢記其休眠特性。

月兔耳

像是月兔耳或仙人之舞有著毛茸茸葉子的種類，即屬於夏季休眠型。

仙人之舞

魅力多樣的多肉植物種類

　　多肉植物是在非洲與美洲大陸歷經長時間的進化，才形成如今的型態。在各自雷同的進化過程中，保留了如堂兄弟般的相似特徵。接下來向各位介紹常見於居家栽培的多肉植物屬。

繪島屬 Cephalophyllum
代表種類：新月、五十鈴玉

屬於粟米草科的多肉植物。葉子呈可愛的短圓模樣，多於初夏開花。

伽藍菜屬 Kalanchoe
代表種類：唐印、仙人之舞、仙女之舞、月兔耳

在擁有「第一株被送上太空的植物」頭銜的伽藍菜屬中，有許多會開出美麗花朵的品種。相對於其他屬，葉子長得較薄、平是其特徵之一。日照量越多，顏色也會越美。

大戟屬 Euphorbia
代表種類：紅彩閣、
虎刺梅、綠珊瑚

多數品種具毒性。尤
其得注意不要讓樹液
跑進眼睛。不耐熱，
建議避免於夏季時剪
枝或換盆。

景天屬 Sedum
代表種類：玉綴、八千代、
小松綠、耳墜草

不僅種類相當多樣，葉子的
形狀與顏色更是應有盡有。
屬於景天科的景天屬因品種
本身十分強壯，栽培上並不
會有太大的困難，但由於十
分喜愛陽光與風，所以建議
種在陽台。無論是葉插或莖
插都能有效繁殖，即使是初
學者也能種得輕鬆、健康。

仙人掌屬 Cactus
代表種類：牙買加天輪柱、龍神木

仙人掌科的植物大多有刺；這是它
們為了在乾燥氣候保護自己，而出
現葉子退化的型態。不耐寒、不耐
熱，不同季節需要不同照顧方式。

石蓮屬 Echeveria

代表種類：藍弧、蘿拉、立田

全世界最多人栽培的代表性多肉植物，葉子散開的型態猶如綻放的花朵般。是相當適合葉插的品種。需特別注意過濕的問題，葉子的顏色會在日照量不足時變淡、萎縮，很容易因此破壞整體型態。

豔姿屬 Aeonium

代表種類：黑法師、青貝姬

喜歡陽光，但照射到猛烈的直射光線時，葉子反而會變得乾硬、酥脆，因此種在稍微有遮光的地方為佳。開花時，莖部即會自然枯萎。無法藉由葉插繁殖，需使用扦插。

青鎖龍屬 Crassula

代表種類：翡翠木、筒葉花月、若綠、紅稚兒

極為常見的品種，甚至已經多到家家戶戶都至少有一株的程度。青鎖龍屬的儲水能力極強，所以就算只澆一點點水也無妨；酷暑與冬季時，完全不澆水亦可。

仙女盃屬 Dudleya

代表種類：格林白菊、丸葉白菊

仙女盃屬廣受大家喜愛的祕訣，在於灑滿了雪白粉末的葉子。看起來散發著冬之女王氣息的這款多肉植物，生長期同樣也是冬季。無法使用葉插法，繁殖相當困難，因此身價也很高。

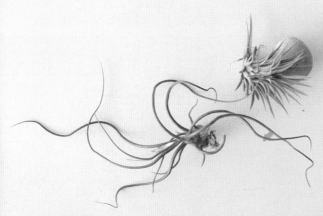

蘆薈屬 Aloe

代表種類：蘆薈

常用於食用與藥用。生命力強，即使是剪下來1週以上的葉子也能在重新種植時順利生根。如果將置於陰涼處的盆栽突然移至日照處會出現變色的情形，這僅是暫時性現象。

鐵蘭屬 Tillandsia

代表種類：虎斑章魚、空氣鳳梨

被稱為空氣植物（air plant）的鐵蘭屬，根據種類的不同，有些生長於岩石上，有些則過著在沙子上滾動的生活。雖然有根，但僅用於附生，所以就算全部剪除也無所謂。藉由葉子的細毛吸收飄散在空氣中的水分與養分。

多肉植物專用
的工具與土壤

相較於其他植物，多肉植物不僅植株較小，排水性也相對重要。因此，若想種植多肉植物，必須準備能更細膩作業的工具與排水性佳的土壤。土壤比例與其他植物的差異較大，種植前務必格外注意。

橡膠槌　　鏟子　　　湯匙　　　鑷子　　木棍　刷子

鑷子是用於夾取多肉植物或有刺的仙人掌時。使用前端尖銳的鏟子與湯匙，謹慎地將土壤填滿小盆器。刷子是於撣淨沾附於多肉植物上的土壤或整理周圍環境時使用。

砂石土

礫石

培養土（栽培土）

與觀葉植物一樣，需使用礫石製作排水層；水能由顆粒大的礫石間排出，提升排水性。土壤則使用砂石土與培養土（栽培土）以7：3的比例調配。請依照根部狀況的不同，提高生長時需要的營養土比例。

栽種一盆小小的多肉植物

萬歲仙人掌

學名	*Consolea rubescens Lemaire*
英文名稱	Road kill cactus
科	景天科
屬	景天屬
原產地	加勒比海的美屬維京群島、波多黎各
日照	全日照
水量	請於春、秋兩季充分澆水。留意澆水間隔，讓土壤有時間能完全乾燥。
溫度	最低5～8°C，冬季休眠。

雖然在韓國的萬歲仙人掌看起來就像迷你版的仙人掌，但在原產地中南美洲的萬歲仙人掌，包括下半部的褐色部分可是能長到6m高，彷彿是在褐色支柱上長出葉子的樹木般。我們經常能在漫畫中見到被車輾過的主角以全身扁扁的狀態起身的畫面，而萬歲仙人掌也正因與這種模樣類似，因此又被稱為「路死仙人掌」（Road Kill Cactus）。儘管不是個令人感到愉快的名字，但仔細看看葉子上的鑽石形紋路，確實與輪胎痕跡有幾分相似。

　　雖是仙人掌，卻沒有刺，因此也相當受有小孩的家庭喜愛。修剪枝椏時，會從截面長出新葉，看起來就像敞開雙臂的模樣，因此被稱為「萬歲仙人掌」。不僅生命力強，照顧方法也很簡單，而且還是會在6～8月開出黃花的可愛仙人掌。

1 將植物置入盆器時，需先考量預期比例與設
計再決定使用何種盆器；另外，也得思考擺
放盆器的地方周圍的家具與擺飾。沒有一定
的規則，請根據個人喜好選擇。

2 將植物從塑膠盆器移出時，若先抓住植物的
中間部分，再按壓盆器的下半部，會比較容
易取出。

3 經這株仙人掌的模樣判斷，應是由其他仙人
掌剪下的枝椏繁殖而成。起初為了讓根部輕
易向下延伸，僅使用了培養土，但如果繼續
使用相同方式，會拉長土壤積水時間，造成
過濕。由於根部已緊緊扎根，需先使用鑷子
輕輕清除土壤；用力清除土壤的話，可是會
造成根部的壓力。

4 將裁剪後的底網置於排水孔上方。

5　先鋪上礫石製作排水層，提升排水性。

6　調配比例7：3或8：2的砂石土與培養土。

7　將仙人掌置入盆器並調整高度後，將土壤倒
　　入盆器底部。

8　將仙人掌盡量置於盆器中央。請確認由前面
　　或側面看時，仙人掌皆是置於正中央。

9　轉動轉盤，均勻填滿土壤。為了避免仙人掌　10　填滿土壤後，使用前端細窄的鏟子壓實盆器
　　傾倒，請仔細觀察周圍後，再填入土壤。　　　　與土壤的界線部分。由於土壤間的空氣層
　　　　　　　　　　　　　　　　　　　　　　　多，這個步驟即是為了消除多餘的空氣。

11　最後輪到覆蓋與裝飾的步驟。考量植物、盆器、放置處的
　　氛圍等，決定介質與添加裝飾品。

[栽培萬歲仙人掌]

萬歲仙人掌扦插

1　栽培仙人掌的過程中，一旦發現模樣長得不好看，亦可修剪。此時，可剪下側芽（由母株長出的小芽）整理形狀。

2　使用鑷子夾住向兩側生長的側芽下方後，只要往後一壓，便能輕鬆取下。

3　為了讓新的側芽能順利長出來，得先使用剪刀剪除一些上端的部分。

4　若將露出的部分直接插入土壤可能會產生細菌，因此必須先置於陰涼處風乾1～2週。

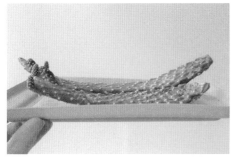

※　請注意不要讓針狀葉呈現如上圖般乾硬的狀態。

5　種入盆器後澆點水，即可復活。修剪過側芽的第一株萬歲仙人掌與上端經修剪的側芽皆又長出新的側芽。

乙女心

學名	*Sedum pachyphyllum Rose*
英文名稱	Jelly bean plant
科	景天科
屬	景天屬
原產地	墨西哥
日照	向陽處

水量	請於春、秋兩季充分澆水。留意澆水間隔，讓土壤有時間能完全乾燥。
溫度	最低5°C，冬季休眠。

葉子長得像軟糖的乙女心，被稱為jelly bean plant；夏季時，葉子末端會變成紅色，所以又被稱為pork and bean plant。生長於北半球溫暖氣候的耳墜草會在6～8月開出黃花，且擁有超過400種的多樣型態。大多向上生長，但也會如攀爬似向側邊生長；向下長長延伸的莖部，有時又會重新向上生長。株株不同模樣，因此單憑一款耳墜草即可呈現千變萬化的型態。

[栽種乙女心]

1 使用底網擋住排水孔。

2 於盆器最底部鋪上礫石製作排水層，分量剛好能擋住排水孔即可。

3 調配比例7：3的砂石土與培養土。

4 使用鑷子夾除枯葉。

5 一手握住植物的莖部，另一手按壓塑膠盆底部的下方，取出植物。輕輕撢一撢已經使用長時間的土壤。土壤乾硬後，使根部容易外露。由於根部已有損傷，整理時請勿過度用力。

6 將植物置入盆器，測量好高度與位置後，填滿土壤。

7 使用木棍或小鏟子用力壓實土壤間的縫隙，消除多餘的空氣。

8 使用介質裝飾。不要立刻澆水，於1～2週後澆水即可。

[栽培乙女心]
葉插法

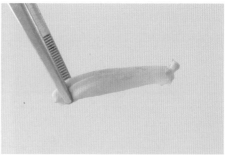

1　挑選健康的葉子後，使用鑷子俐落地夾取。
　　將取下葉子的凹陷面一一置於砂石土上。

2　2～3週後會開始冒出小根，而根上會長出小
　　個體。

3　小個體成長時會吸收母體（葉子）的養分，
　　所以這段期間可以不用澆水。

4　經過3～6個月後的模樣。

5　調配比例8：2或7：3的砂石土與培養土。

6　等到步驟4完全乾癟的葉子脫落後，即可移入
　　小盆器。使用小噴霧器溫柔地噴霧即可。

扦插法

生長得太長時或想改變生長模樣時

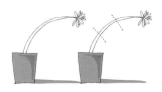  

1　剪下較預期形狀稍長的部分。太長時，亦可隨意修剪至期望的尺寸。

2　將剪下的部分風乾1～2週。插入瓶內風乾時，植物會直挺挺地乾掉而不會變形。

3　原有的莖部會從莖節長出1～2個新個體。經風乾後的莖部則是等到長出根後，再種進土壤即可。

想整理徒長的情況時

1　這是缺乏日照的徒長模樣。修剪徒長的部分，重新栽培成好看的形狀吧。

2　待經修剪的截面乾硬後，即會長出新個體。

3　隨著幼嫩的個體們漸漸長大，便形成新的模樣。

受傷時

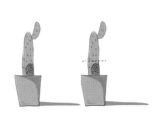 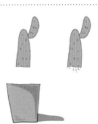 

1　當仙人掌的下半部變得軟爛時，可能已經染上軟腐病，必須剪除這個部分。

2　請將染上軟腐病的下半部與土壤全部丟棄，並消毒盆器。讓上半部風乾1～2週，靜待長出新根。

3　長出根後，即可種入新土壤。

水培法

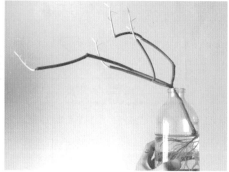

請將從葉子太長的多肉植物掉下的葉子插入水中。為了生存而長出根的模樣,實在相當神奇。

嫁接法

將不同種類的仙人掌接在一起後,便會像原本即是一體般繼續生長。上圖是經剪下的柱狀仙人掌上端,與扇形仙人掌或球形仙人掌進行嫁接後的模樣。

栽種一盆大大的多肉植物

梨果仙人掌

學名	*Opuntia ficus-indica*
英文名稱	Barbary fig
科	仙人掌科
屬	仙人掌屬
原產地	墨西哥
日照	向陽處
水量	1個月澆水1次。
溫度	10˚C以上，冬季休眠。

根據仙人掌的模樣不同，可分為圓滾滾的球形仙人掌、修長的柱形仙人掌、寬寬大大的扇形仙人掌。扇形仙人掌又因長得與手掌十分相似，所以也被稱為「仙巴掌」；像是濟州島的野生仙人掌「百年草」，以及生長於濟州島以外地區的千年草、寶劍仙人掌等，皆屬於扇形仙人掌。

　　這次要栽種的梨果仙人掌也是扇形仙人掌。外型像一面大鏡子的梨果仙人掌，於韓文中也使用「大鏡」作為漢字名稱。圓滾滾的型態，彷彿是頭上長了兩個像討喜耳朵一樣的側芽，確實是既壯碩又可愛的仙人掌。

[栽種梨果仙人掌]

1　備妥工具。準備較原有塑膠盆器尺寸稍大的
　　新盆器。

2　備妥砂石土與培養土、礫石。

3　移動有刺的仙人掌時，記得戴上經橡膠加工
　　的厚手套後，以保麗龍或厚紙板妥善包覆仙
　　人掌再觸碰。

4　一手握住植物，另一手使用橡膠槌環狀敲打
　　盆器上方邊角，即可輕鬆分離土壤與盆器。

5　將保麗龍放入盆器的原因，是為了讓根部能
　好好延伸或避免過濕的情形。

6　清除保麗龍後，輕輕撢一撢已經使用長時間
　的土壤。

7　將底網置入盆器擋住排水孔後，鋪上約2cm
　高度的礫石製作排水層。

8　調配比例7：3或8：2的砂石土與培養土。

9　將仙人掌置入盆器，測量好高度後，填滿土
　　壤。

10　確認仙人掌的高度是否適當、位置是否置中
　　後，仔細填滿邊緣的土壤。

11　砂石土的顆粒粗，因此縫隙間會產生許多空
　　間。使用前端尖銳的鏟子插入土壤深處並壓
　　實土壤。

12　用力敲一敲盆器，使土壤變得均勻平坦後，
　　再使用土壤填滿多餘的縫隙。

13 雖然盆器的正面很重要,但從側面看時,仙
人掌也得置於正中央才行。請仔細環視盆栽
整體。

14 使用與盆器色調相似的洗滌砂石土覆蓋。為
了不看見下方的土壤,鋪上約1cm高度的洗
滌砂石土。

15 使用小刷子撢淨沾附於多肉植物上的土壤後,搭配卵石與
模型裝飾。

空氣植物　air plant

　　air plant，即是空中植物或空氣植物，通稱沒有土壤也能生長並懸掛於空中的植物種類，又被稱為垂墜植物（hanging plant）。但垂墜植物不只有空氣植物，同時也囊括懸掛的盆栽植物，因此意義上確實有些不同。歸類為空氣植物的各種植物與多肉植物一樣，適合栽種在狹窄空間、耐旱毋須常澆水，是相對來說易於照顧的類型。原產地是墨西哥與中南美洲的空氣植物，經常能見到它們被掛在電線桿上的景象。請善用空氣植物的特性，打造多樣化的室內裝飾。請試著繫上繩子掛在窗邊，或是搭配樹枝與石頭化身小擺飾。

日照：喜歡明亮的日照。

水量：下雨天移到室外吸收滿滿的水分是最好的做法；或是每隔1～2週澆
　　　足1次水後，擰除多餘水分。一旦積水，可能會造成腐爛的情形。

猿戀葦

擁有長長、圓圓的迷人葉子的猿戀葦，大多附著於樹枝
或岩石上生長。原產地是墨西哥；至於究竟屬於哪個
屬，直至近期仍未出現定論，暫且將其視作附生類仙人
掌即可。懸掛於窗邊或小空間時，是有助於室內設計散
發盎然綠意的絕佳品項。有時，也會綻放恍如小水珠般
的白色、粉紅色小花。

挑選多肉植物盆器的祕訣

　　居家園藝最困難的部分之一，便是關於植物與盆器的搭配。植物會因栽種在不同的盆器，而散發完全不同的感覺。假如在多肉植物中有看起來太過典型、乏味的植物，不妨試著為它們轉換全新的風格吧！

　　右圖是黑法師與八千代。單憑樹形就能感覺是已經活了很久的植物，不知是否因為如此，每當見到圖（1）時，總覺得看起來就像穿了一件顯老的衣服。試著將它們移到如圖（2）般既簡約又時尚的盆器，改變一下風格。

這是長期朝著日照方向生長的多肉植物。
栽種於設計時尚的盆器時，
即散發著盆景般的氣勢。

(1)

光是換盆栽種，
已足夠讓植物的風格變得
截然不同。

(2)

黑法師

屬：蓮花掌屬

原產地：加那利群島、摩洛哥

日照：日照量越多，殷紅色澤越濃。

水量：請於土壤完全乾燥時澆水。

溫度：10°C以上，夏季休眠。

八千代

屬：景天屬

原產地：墨西哥

日照：向陽處

水量：請於土壤完全乾燥時澆水。

溫度：1°C以上，冬季休眠。

　　　春季至秋季間為生長期。

　　香草植物大概是多數人對植物產生興趣的第一個誘因。直到殺死了因衝動購物買回來的香草植物後，才驚覺「原來我不懂種植物」而後感到沮喪的人應該也不在少數。我也是如此。第一次種薄荷時，即開始了打算自己製作莫希托調酒（Mojito）的計畫。是啊，我一杯也沒喝到。原因很簡單，因為自己明明沒有適合栽種的環境，只是買回來放著，連該怎麼澆水都搞不清楚。

　　香草植物是很喜歡日照與風的植物。大多原產於地中海的香草植物，生長在夏季高溫、乾燥，冬季溫暖、多濕且排水性佳的土地。如果將適合這種環境的香草植物種在廚房時，日照量不足、經常澆水造成過濕、通風不佳又產生蟎蟲……總而言之，就是一片混亂。為了不讓各位重蹈覆轍，接下來將一一剖析栽培香草植物的方法。

所有人夢想的願望，
香草植物

Step 1

栽培香草植物的必要條件

香草植物是必須種在日照量多與通風良好環境的代表性植物。香草植物的原產地大多是地中海沿岸，綜觀這些地區的氣候，不難發現都是夏季受副熱帶高氣壓影響而長期處於乾燥、高溫的天氣；相反，冬季時則受到西風影響，相對來說較溫暖、多雨。因此，香草植物比較難熬過韓國的冬季。若想好好栽培香草植物，種在日照量多與排水性佳的院子會是最佳選項。

室內栽培香草植物

如果想在室內栽培香草植物的話，請選擇日照量最多的地方，意即陽台或朝南的窗邊，並且必須經常開窗通風。當家裡的日照量較少時，建議裝設植物生長燈（參考p.19）。

香草植物的過冬

下定決心栽培香草植物後，請務必仔細了解究竟是一年生或多年生、是否有辦法在自己生活的地區露天（室外）過冬。**所謂可以「過冬」，代表的是植物能維持完整無缺的模樣，或是即便葉子全部掉光了，仍能靠依然活著的根部再於隔年長出新葉的狀態。**由於香草植物是需要大量日照的植物，因此大多會置於陽台或院子栽培，一旦冬季來臨便得開始判斷究竟該將哪些香草植物移至溫暖的地方、哪些香草植物又能繼續擺在室外等。所以清楚香草植物是否能露天過冬是個極為重要的關鍵，尤其是像我一樣生活在小房子的人。

即使沒有院子，如果懂得善用頂樓也能打造美麗的香草植物園。將浴缸改造成大盆器後，將冬季生長旺盛的蝦夷蔥、百里香、薄荷，以及一年生的鼠尾草、羅勒、薰衣草栽種其中。可於每年春季時，重新栽種一年生的香草植物。

Step 2

不同季節的澆水方法

　　既然香草植物是生長於日照量多與排水性佳的環境，水分乾燥的速度自然也比較快。因此看似需要經常澆水的香草植物，其實並不喜歡水，反而還比較喜歡有點乾燥的狀態。由於香草植物對過濕環境的反應敏感，所以毋須在土壤完全乾燥前澆水。萬一在土壤沒那麼乾燥時就不停澆水，將導致根部因無法呼吸而腐爛，莖與葉也會變得軟爛。等到土壤呈現鬆軟的乾燥狀態再澆足水分的步驟，才是最佳方式。

春季與秋季

　　春季與秋季是香草植物急速生長的時節。請於表土乾燥時澆透水，讓根部得以吸收充足水分。定期澆水，採用如下雨般緩緩浸濕土壤的方式為佳。當香草植物開花時，為了避免弄碎花朵，請用手輕輕撩起香草植物後，再將水澆入土壤。

夏季

　　在日照猛烈的夏季，土壤轉眼間就會變得乾硬。乾硬的土壤與盆器間會因此產生縫隙，一旦澆水方法錯誤，水分便會立即流失。採用慢慢浸濕土壤的澆水方法，是相當重要的環節。請勿在太過炎熱的時間澆水，因為這麼做會燒傷葉子；最好能在日出前澆水。盛夏時，早上澆1次水、晚上澆1次水，建議以這種方式1天澆2次水。植物可能會在過熱的日子乾掉，假如真的變得太乾，請先剪除乾癟的部分後再澆水。根部不會這麼容易死掉，依然可以重新活過來。夏天的雨季是所有植物最難熬的時期。植物可能會在這段期間染上軟腐病、黴菌等各種病蟲害，請務必維持適度通風。建議過了雨季再噴灑防治病蟲害的藥。

冬季

　　這是段必須將無法過冬的香草植物移入家中的時期。**在室外過冬的植物光靠淋雨、淋雪的水分已經足夠，可以不必另外澆水。至於移入室內的盆栽，則是等到土壤完全乾燥再澆水。**澆水間隔雖比春、秋稍長些，但也不要忘記澆水。請在和煦的日子，挑選一個最溫暖的時機澆些溫水；夜晚澆水的話，可能會凍傷香草植物。

採收羅勒與薄荷的葉子時，請一併剪下莖部。這麼做能使香草植物之後長得更茂盛。

冬季時，雖然生長在土壤之上的薄荷葉與莖呈乾枯狀，依然好好活著的根部卻仍不停向兩側成長。等到春季時，每個莖節便會冒出新莖，讓花圃變得更加茂盛。

Step 3

香草植物的種類

　　香草植物的根、莖、葉、花、種子等大部分用於食用與藥用、香料。葉子多用作食用與藥用，種子與果實則多用作香料。蔬菜中的芝麻葉、蔥、蒜、辣椒等，皆屬於香草植物（不是所有蔬菜都是香草植物）。雖然香草植物的種類繁多，在此我們僅會向各位介紹其中最廣為人知的種類。

薄荷 Mint

薄荷可大致分為辣薄荷（Peppermint）與綠薄荷（Spearmint），其中包括超過25個種類。綠薄荷主要用於料理；胡椒薄荷則因清新的氣味更加濃烈，多用於茶或甜點。蘋果薄荷、鳳梨薄荷等，因散發果香而格外受歡迎。耐寒，因此就算不做什麼特別的過冬準備，也能輕鬆度過韓國的冬季。

羅勒 Basil

羅勒是一年生植物，在韓國的大部分地區無法過冬。因此不必費心拯救會在冬季死亡的羅勒，只要在一年間專注栽培並物盡其用，等到隔年再重新開始即可。一旦開花，葉子就會變得無味。如果還想盡情享受葉子的滋味，請於一見到花梗時便即刻摘除。如此一來，才能讓葉子留住既有的營養。

巧克力薄荷

蘋果薄荷

鳳梨薄荷

辣薄荷

羅勒

百里香 Thyme

百里香是在料理擺盤中扮演著盡責角色
的香草植物。同時，也是能在氣候嚴寒
的室外、小尺寸盆器順利過冬的香草植
物，因此每年一到春季又能滿心歡喜地見
到它們。根據百里香的葉子顏色不同，可
分為普通百里香（Common Thyme）、檸
檬百里香（Lemon Thyme）、銀葉百里香
（Silver Thyme）等。此外，還有枝條會
橫向生長並開出紫粉色小花的柳橙百里香
（Orange Thyme）。

牛至 Oregano

散發濃郁的薄荷香，因此又被稱為「花
薄荷」。由於耐寒、耐病蟲害，所以易
於栽培，適用扦插、水培繁殖，是生命
力很強的薄荷。香氣宜人，常見於各種
飲食，與番茄尤其絕配。無論在庭園或
料理，牛至都是能為人帶來極大喜悅的
香草植物。

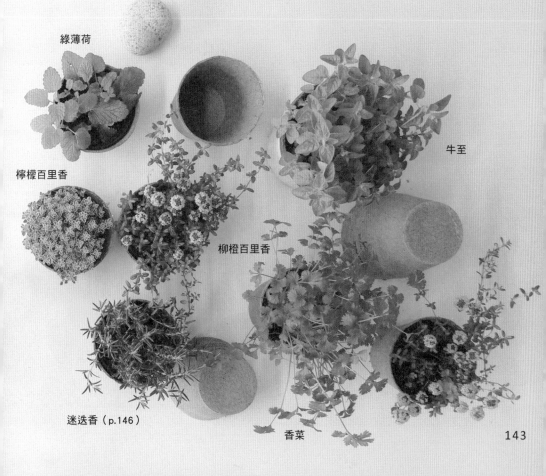

綠薄荷

牛至

檸檬百里香

柳橙百里香

迷迭香（p.146）

香菜

143

鼠尾草 Sage

在韓國習慣稱為「Salvia」，是再熟悉不過的香草植物。名字源於拉丁文「salvus」，意味著健康、治癒，不難推斷多用於藥用，同時也適合搭配肉類與青背魚。然而，撇除功效或味道，四季皆綻放著豔麗花朵的鼠尾草更是觀賞用植物界的佼佼者。常見的鼠尾草有櫻桃鼠尾草（Sage 'Hot Lips'）、墨西哥鼠尾草（Mexican Bush Sage）等。

蝦夷蔥 Chive

葉與花的形狀類似於同屬蔥屬（Allium）植物的蒜、洋蔥、蔥等。
不過，氣味清香而不刺鼻，是足以提升料理風味的低調香氣。蝦
夷蔥也是相當適合作為庭園植物的香草植物。耐寒，毋須特別的
過冬準備也能在韓國任何一處度過寒冬。播種兩年後開花，花期
長且型態討喜。播種效果佳，適用種子或分株繁殖。

迷迭香（p.146）

Step 4

栽種
香草植物

迷迭香

學名	*Salvia rosmarinus*
英文名稱	Rosemary
科	脣形科多年生植物
原產地	地中海沿岸
日照	向陽處
水量	對過濕的環境相當敏感。
溫度	0˚C以上

迷迭香（Rosemary）的名字源於拉丁文，意指「海洋（marinus）的露珠（ros）」的「rosmarinus」。同時也因象徵「記憶」而會被擺放在墳墓上，以及因具有「呼喚愛情」的意義，而被用於新娘的花冠。

迷迭香雖是多年生植物，每年也能在韓國的濟州島與南部地區生存，但大部分卻熬不過室外過冬。冬季時，必須將栽種於盆器的迷迭香移入室內，並將生長環境的溫度控制在0°C以上。散發宜人香氣的迷迭香，經常用來搭配肉類或海鮮料理。尤其從春季到秋季皆會開花的匍匐迷迭香，不僅適合觀賞，在料理上的活用度也很高。

[栽種迷迭香]

1　香草植物似乎還是最適合陶土盆。如果栽種在棕色調的陶土盆中，盆器之後也會因白化現象而更有自然的感覺。

2　將塑膠底網裁剪成3×3cm後，置於排水孔上方。

3　鋪上扮演排水層角色的礫石1～2cm高度。

4　於培養土中調配20～30%的砂石土。這個步驟是為了提升排水性，亦可使用珍珠岩替代砂石土。

5　輕輕按壓塑膠盆器的下方，便能輕鬆分離植物。由於隨便按壓盆器的中央會造成根部的壓力，請不要忘記只要輕輕按壓取出植物即可。

6　迷迭香的根部細長且裏覆著密實的土壤，建議不要過度整理而造成壓力。

7　考量整體高度後，倒入3～4cm高度的土壤。最後置入香草植物，土壤高度約占盆器高度的85%即可。

8　將植物置入盆器後，填滿邊緣的土壤。填補土壤時，請稍微移開葉子，以免土壤弄髒葉子。

9　為了避免植物傾倒，請以手指按壓土壤周　10　用力敲一敲盆器，使土壤變得均勻平坦。
　　圍。請注意不要壓得太實。

11　為了避免珍珠岩浮起，最後再鋪上1～1.5cm　12　使用溫和的水流澆水以消除土壤間的空氣
　　高度的洗滌砂石土。　　後，再用卵石裝飾。

[栽培迷迭香]

剪枝

為了能好好過冬，建議在秋末時剪枝。將剪下的數枝枝條束
起後置於陰涼處風乾，即是效果極佳的芳香劑。

扦插法　　　　　　　　　　　水培法

剪下約5～6cm長度的迷迭香枝條並摘除下方的　迷迭香也適用水培法。插入玻璃瓶的迷迭香，搖
葉子後，插入柔軟的培養土。只要好好留意別讓　身一變成為美麗的小擺飾。
土壤變得乾硬，很快便會長出新根。

薰衣草

學名	*Lavandula*	日照	向陽處，直射光線充足的地方為佳。
英文名稱	Lavender	水量	對過濕的環境相當敏感。
科	脣形科多年生植物	溫度	0˚C以上
原產地	地中海沿岸		

　　源自拉丁文「Lavo」，意指「洗滌」的薰衣草（Lavender）因幽香、濃郁的氣味，自羅馬時代起便已被使用來作為入浴劑。除了香氣外，也因具有舒緩疼痛、安神、驅蟲、殺菌等效果，常被用於減輕失眠、頭痛、神經痛等。

　　從5月開始開花的薰衣草，花開花落的景象幾乎能持續至初雪來臨前。由於順利成長的薰衣草能長到90cm，因此過去也常被用來沿著圍籬栽種作為造景。接著再將洗好的衣物晾在這排薰衣草圍籬上，薰衣草的香氣便能像柔軟劑般同時滲入晾晒的衣物之中。

(1) 英國薰衣草 English lavender

提及「薰衣草」時，第一個會被聯想到的代表性種類。
耐寒，可於韓國中部地區過冬。

(2) 法國薰衣草 French lavender

擁有像兔耳朵般直豎花朵的可愛薰衣草。
花期為5～7月，可耐-10˚C的寒冷氣候，
卻很難熬過韓國中部地區的冬天。

(3) 羽葉薰衣草 Pinnata lavender

又稱Lace lavender、Spanish Eyes Lavender，
葉子和花的形狀與其他薰衣草種類明顯不同。
春季至秋季會持續開花，別有一番栽培的樂趣。
花梗比葉子來得長，給人輕盈搖曳的感覺。
無法在韓國中部地區過冬。

(1)

(2)

(3)

[栽種薰衣草]

1　混合栽種英國薰衣草、法國薰衣草、羽葉薰衣草。扣除英國薰衣草外，由於其他薰衣草無法露天過冬，因此必須在冬季時置於室內。

2　因為是直徑32cm、高度20cm的大陶土盆，建議多種些植物才能看起來較為茂密。使用塑膠底網或寬網擋住排水孔。

3　鋪上2～3cm高度的礫石製作排水層。由於盆器較深，礫石可以鋪得比平時多些，畢竟排水性對香草植物來說是相當重要的一環。

4　於培養土中調配20～30%的砂石土。這個步驟是為了提升排水性。栽培香草植物的第一步到最後一步都是「排水」。

5 均勻倒入足夠的土壤。

6 構思每一株薰衣草該種在哪個位置。紫色的英國薰衣草和羽葉薰衣草種在後方,粉紅色和白色的法國薰衣草則是種在前方。

7 取出母株時,只要按壓盆器底部的邊角即可。按壓盆器中央,可能會對植物根部造成傷害。

8 當每一棵母株的高度皆不同時,必須先量好齊頭的高度後再種。栽種植株較小的母株時,請稍微加高底層的土壤。

9 將植物置入盆器後，填滿周圍的土壤。填補土壤時，請稍微移開葉子，以免土壤弄髒葉子。

10 為了避免母株傾倒，請以手指按壓土壤周圍。請注意不要壓得太實。

11 為了避免珍珠岩浮起，最後再鋪上1～1.5cm高度的洗滌砂石土。

12 使用溫和的水流澆水以消除土壤間的空氣後，再用卵石裝飾。

[栽培薰衣草]

當花開始枯萎時	剪枝

花開始枯萎時，建議立刻修剪。將原本輸送到枯萎花朵的養分輸送至其他莖部，才能讓其他花朵開花。在花朵盛開的秋季進行修剪後，置於陰涼處風乾，即可製成美麗的芳香劑。

當薰衣草長得太茂密時，則必須剪枝。如上圖，修剪由兩側新葉中間長出的枝條，新葉便會長成兩枝枝條。重複這個步驟能讓一枝枝條變成兩枝枝條、兩枝枝條變成四枝枝條，使植物長得越來越茂密。其他植物也適用相同方法，只要像這樣持續剪枝，便能塑造茂密的樹形。

打造一個迷你香草園

　　雖然栽種單一品種的香草植物也很美麗，但我這次打算同時栽種不同種類的香草植物，打造一個迷你香草園。將香草植物栽種在越大的盆器越好，如此一來才更能展現生氣盎然的感覺。換句話說，比起栽種在盆器裡，其實栽種在土地裡的香草植物終究才能長得更好。

　　即使比不上真正的庭園，但不妨也試著將盆器構想成一個庭園。重點在於，藉由栽種的過程，想像著各種香草植物隨著時間漸漸長大並和諧共存的景象。購入母株後，請先預想各種香草植物會長成什麼模樣並予以設計。千萬不要以植物們最初的模樣作為標準，畢竟它們可是會在轉眼間調換身高順序。

試著藉由圖畫預想一下植物會長成什麼模樣。
請記得櫻桃鼠尾草與羽葉薰衣草會長得特別高大的模樣。

櫻桃鼠尾草　　羽葉薰衣草　　迷迭香　　羅勒　　蘋果薄荷　　普通百里香

[同時栽種不同種類的香草植物]

1 請盡量準備大一點的盆器。這裡使用的是直徑40cm、深度18cm的陶土盆。由於要種數種香草植物,因此盆器越大越好。

2 使用底網完全擋住排水孔。雖然盆器越大,底網最好也越大,但大量的土壤已足夠壓緊底網不亂移動,所以底網尺寸小些也無妨。

3 香草植物是相當注重排水性的植物,因此絕對不能省略排水層。鋪上顆粒中等、尺寸約0.8～1cm的礫石2～3層;這裡則是鋪上高度1.5cm的礫石。

4 調配培養土與砂石土。培養土中,不僅有腐葉土還有珍珠岩,所以直接使用亦可,不過為了加強排水性,可以再加入30%的砂石土。

5 將調配完成的土壤倒入盆器3～4cm高度。

6 衡量好各自的位置，讓每株香草植物都能被看得見。雖然也可以在倒入土壤前再調整位置，不過還是建議先倒入些許土壤，稍微提升底部高度後，再替植物找好能被看得見的位置。

7 將母株栽種在事先構想的位置。取出母株時，只要按壓盆器底部的邊角即可。按壓盆器中央，可能會對植物根部造成傷害。

8 當每一棵母株的高度皆不同時，必須先量好齊頭的高度後再種。栽種植株較小的母株時，請稍微加高底層的土壤。

9 將植株較高的櫻桃鼠尾草與羽葉薰衣草置於後方。為了盡可能善用盆器空間，請沿著盆器邊緣栽種。

10 以土壤仔細填滿母株間的縫隙。許多空間容易被忽略，因此填補的土壤也使用得比想像中更多。

11 使用最適合陶土盆的砂石土覆蓋。仔細填滿各處，避免最先倒入的土壤溢出。

12 請利用卵石與插牌呈現庭園的氛圍。只要一個裝飾品，便足以讓整體風格變得截然不同。

專為料理初學者設計的簡易香草活用祕訣

享受香草茶

將不同種類的香草植物葉子放入茶壺後，只要倒入些許熱開水，即可輕鬆完成香草茶。此時，若能加入像是甜菊等散發甜味的葉子，也能讓香草茶的味道變得加倍美味。經風乾後的檸檬馬鞭草、薄荷、鼠尾草葉子，或是鼠尾草、薰衣草的花朵，皆可沖泡飲用。

製作香草冰塊

以蘇打粉洗淨牛至、薄荷等葉子後，於製作冰塊時各加入一片葉子；亦可加入花朵。隨即成為香氣四溢的冰塊。只要利用香草冰塊搭配開水或蘇打水，人人都可以是料理王！

烤肉時一併燒烤

香氣濃郁的迷迭香，是最適合搭配烤肉的絕佳香草。百里香亦然，同樣也很適合肉類、海鮮等各式料理。使用方法相當簡單，只要剪下長度7～10cm的香草植物枝條後，與肉類一起燒烤，便大功告成！

製作香草植物油

當羅勒開始開花時，葉子便已變得無味。如果想繼續食用葉子，請務必在長出花苞時即刻剪除。萬一錯過時機，不妨靜待花梗長長後，再剪下來放入盛裝橄欖油的瓶中，製成充滿羅勒香的香草植物油。使用期間，請在花梗高於橄欖油時移除香草。無論是將香草植物油用於煎蛋之類的簡單料理，或是淋在沙拉、義大利麵等，都相當美味。這是個即使沒有額外添加香草植物的葉子，也能讓料理散發淡淡香草植物香氣的魔法。

PART 2

HOME
GARDENING

從此以後，
我的興趣是居家園藝

推薦給植物殺手的植物

適用水耕栽培的植物們

栽培植物的過程中，澆水是最困難的部分。明明說要等到表土乾燥時再澆水，卻常常發生怎麼摸也分不清土壤到底是乾燥或是濕潤的情形，只能不斷疑惑著「這樣夠乾了嗎？」將我救出這種混亂困局的栽培植物方法正是「水耕」。這種使用水而非土壤栽培植物的方法，我認為是栽培植物的最簡單方法。我的第一株植物「黃金葛」，也是從水裡開始。

雖然多數植物都適用水耕栽培，但像常春藤、散尾葵、白鶴芋、黃金葛等單子葉植物，尤其能在水裡生長得很好。比起連根浸入水中，剪下一段枝條放入水中栽培的成功率更高。

將根部洗淨後置入裝好水的玻璃瓶或杯子，只要在水量減少時，再加入足夠浸泡根部的水即可。起初，水會因為來自土壤的浮游物而變得汙濁，所以必須經常更換，等到之後淨化完成後，只要適時補水就好。即使擺放在日照量不多的書桌上或床邊、餐桌、架子上也無妨。實際使用水取代土壤栽培植物後，才發現非但不必再擔心小蟲，而且小小的體積也方便隨意擺在任何地方。再也沒有比水耕栽培的植物更好的室內擺飾了！

薜荔 Pumila

薜荔是對乾燥環境相當敏感的植物，所以使用水栽培反而容易。

蔓綠絨 Xanadu

將移植時折下的蔓綠絨枝條插入水中，很快便長出新根。

常春藤 Ivy／散尾葵 Areca palm

散尾葵與常春藤是能藉由水耕栽培得很
好的植物。將植物插入玻璃瓶內，利用
螢光色繩子製成流蘇般懸掛，即可成為
夏日室內擺飾的畫龍點睛之作。

適合在辦公室桌上栽培的苔蘚植物

　　辦公室既沒日照又得經常出差，甚至還老是殺死植物的植物殺手，請嘗試栽種一種苔蘚植物。許多人會問「苔蘚植物也能種嗎？」栽培的過程其實意外有趣，甚至還會不停生長到充滿整個容器。相較於暴露在空氣中，將苔蘚植物置入玻璃瓶或玻璃球內栽培較佳。當水氣不足時，只要稍微噴霧便能維持植物翠綠，散發著猶如森林薄霧般的神祕氛圍。毋須特殊的照顧，只要偶爾掀開蓋子噴霧即可。苔蘚植物一旦泡水，便會出現溶解的情形，因此請特別留意。

　　毬藻不是苔蘚植物，而是水草。毬藻被發現聚集生活在日本北部阿寒湖後，便被指定為天然紀念品，並嚴格控管外流。目前市面上流通的毬藻，是將水草捲起後製成相同形狀。據說，毬藻開心時會悠悠地漂浮在水面上，是相當適合置於辦公桌上栽培的可愛植物。

馴鹿苔 Reindeer moss

空氣乾燥時會變得硬邦邦，但當濕度變高後，又會重新變得軟綿綿。請不要直接灑水，而是採用噴霧的方式提高周圍空氣的濕度。亦可栽培於浴室，或在植物周圍擺上一杯水。

毬藻 Marimo

請避開陽光，置於陰涼處。換水後，輕輕擰一擰毬藻的水，空氣便會附著在毬藻上，使其漂浮在水面。

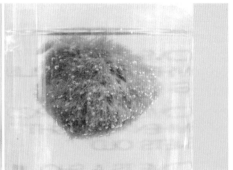

2

不麻煩且模樣美麗的植物

葉子圓圓的可愛鏡面草

　　鏡面草的原產地是中國南部山區的雲南省與四川省。1945年，一名挪威傳教士離開中國時帶走了鏡面草，並且於自家繁殖，每當長出小鏡面草後，便會分送給左鄰右舍。後來，鏡面草不僅開始傳到歐洲各地，更於1984年正式被列入英國皇家植物園邱園的手冊裡介紹。

　　如果仔細檢視鏡面草的原產地，可以發現中國雲南省所在位置的緯度較韓國濟州島低，既不會太熱也不會太冷，是個常年維持舒適天氣的地方。鏡面草生長於原產地約1500～3000m的深山陰涼處與潮濕的岩石附近。由於植株較小，經常被其他植物遮住陽光，能接收到的日照量並不多，因此於室內栽培時，建議擺在稍微有些日照的窗邊即可。為了營造與深山相似的環境，可以透過經常噴霧提升空氣濕度，讓鏡面草能長得更加健康。

　　鏡面草的葉子偏厚。鏡面草與龜背芋一樣，因葉子具儲水能力，即使水分不足也不會出現敏感的反應。請於土壤完全乾燥時，再澆足夠的水即可。栽培鏡面草的樂趣之一，便是小鏡面草。雖然鏡面草本身也會長出新葉，卻是同時仍會從根部長出新鏡面草的繁殖王。將剪刀插入土壤分離鏡面草後，栽種於新盆器或插入水中，皆能繼續順利成長。

鏡面草 Pilea

散發淡淡魅力的天門冬

　　天門冬在全世界約有三百多個種類，大部分都擁有像針一樣細長的外型。例如我們食用的蔬菜天門冬綠蘆筍（Asparagus officinalis）、白蘆筍（Asparagus white）、紫蘆筍（Asparagus purple）等，雖同是天門冬屬（Asparagus），種類卻不同。栽培用作觀賞的天門冬，即便在相對日照量少的室內也能好好成長。事實上，天門冬的葉子是由莖部變化而成，又被稱為「假葉」。莖部先延伸後，葉子才打開成長。新葉是鮮豔的淺綠色，隨後會在成長過程中變成深綠色。無論是顏色搭配或樹形都相當美麗，是越看越有吸引力的植物。當成長的狀況令人感覺盆器相對變小時，即可分株繁殖。

狐尾蕨 Asparagus meyerii

fox, the green
everyone deserve own garden

狐尾蕨 Asparagus meyerii

矮文竹 Asparagus nanus

松葉武竹 Asparagus myriocladus

始終如一的翠綠，蕨類植物

　　蕨類植物是羊齒植物之一，也是世上最普及的植物。既然種類眾多，特性自然也十分多樣。例如生長在韓國樹林裡的蕨類植物貫眾蕨、紫萁，即是在陰涼處成長。其中像是鐵線蕨、鳳尾蕨，一旦水分不足時，葉子就會立刻乾枯且無法復原，是照顧起來相當麻煩的植物。此外，像是外國進口的園藝用波士頓腎蕨、圓葉腎蕨、藍星蕨等，則是喜歡全日照處，即使水分不足也不會即刻出現敏感的反應。在韓國又被稱為「蜘蛛腳」，擁有毛茸茸根部的圓蓋陰石蕨（Humata tyermannii），或是藍星蕨皆因有著強悍的生命力，所以只要「蜘蛛腳」仍活著，便會不斷長出新葉。至於鳥巢蕨（Avis），則是蕨類植物中憑藉水波狀的葉子與紋路，而顯得格外美麗。

　　雖然大部分的蕨類在陰涼處也能長得很好，但若能置於室內光亮的地方，使其接收越多日照的話，色澤與形狀也會越美麗。等到土壤完全乾燥再澆足水分即可；即使在葉子下垂時，建議也要先觀察土壤狀況後再澆水為佳。

鳳尾蕨 Pteris

兔腳蕨 Squirrel's foot fern

波士頓腎蕨 Boston fern

藍星蕨 Blue star fern

鳥巢蕨 Asplenium nidus

給人清爽感覺的藤蔓植物，白粉藤

　　白粉藤是乍看之下既像葡萄葉，又像橡樹葉的爬藤植物。因外型的緣故，又被稱為「grape ivy」，是在室內也能長得很好，且淨化空氣效果極佳的植物。適合置於室內明亮的窗邊，但夏季時若接受過強的日照也會燒傷葉子，因此請栽培於日照適量的陰涼處。容易照顧且生命力旺盛的白粉藤除了能帶來栽培的樂趣，最重要的是——它真的很美。

羽裂菱葉藤 Cissus ellen danica

3

難易度高，卻相當吸引人的植物

綻滿軟軟滑滑黃花的相思樹（金合歡）

澳洲國花「金合歡」，又被稱為Wattle。與韓國常見的金合歡是完全不同的品種。韓國常見的金合歡，正式名稱是刺槐樹，而學名則是意指假金合歡的Pseudoacacia。澳洲的金合歡會在2～3月綻放黃花，刺槐樹則是會在5～6月綻放白花。

在春天正式來臨前，也就是那段令人想念新芽與繁花的時期，金合歡即已盛放滿滿的黃花。軟綿綿的模樣，確實相當討喜與美麗，無疑是只要見過一次便讓人無法輕易自拔的花朵。不過，若想栽培這個小傢伙，通風與日照是不可缺的必要條件，因此在公寓栽培絕對會是件難事。由於無法度過寒冷的冬季，自然也不能種在院子。如果真的想在家中栽培，請於春季至秋季期間擺在日照量充足與通風佳的陽台，冬季時則置於溫度不會降至0°C以下的客廳。

顯著相思樹 Acacia spectabilis

長葉相思樹 Acacia longifolia

三角相思樹 Acacia cultriformis

沁涼的綠色植物，尤加利樹

原產地是澳洲的植物，尤具魅力。或許因為是不易接觸的植物，所以才會如此吧？尤加利樹是澳洲的代表植物之一；魅力來自於葉子顏色散發清爽感覺的尤加利樹，共有多花桉（Polyanthemos）、銀葉桉（Silver drop）、加寧桉、嬰兒藍桉（Baby blue）、圓葉桉（俗名：Black jack）、小葉桉（Parvula）、尤加利籽葉（Seeded Eucalyptus）等超過700個種類。每個種類的葉子形狀皆不同，究竟該如何栽培自然也成了一大問題。

即使前文介紹過的相思樹也是一樣，但相對而言可謂更加大眾化的尤加利樹同樣是栽培過程較麻煩的植物。不僅需要大量日照與通風，也因為無法過冬，所以不能栽種在院子，是必須置於室內栽培與需要細心照顧的高難度植物。再加上實際觸摸葉子前，根本沒辦法分辨植物究竟是處在正常或乾枯的狀態。不過，也請不要因為難於栽培便輕易放棄。就算上方的樹枝全都死光光，尤加利樹的根部依然可以存活。只要澆點水，即可讓根部周圍的分枝長出來。

仔細檢視尤加利樹的特性，可以得知其葉子非但會排放可燃性葉油，還會如薄霧般散播，所以在2019年澳洲叢林大火時，也因此性質陷入瀕臨絕種的危機。靠著食用尤加利葉維生的無尾熊，自然也成為受害族群。幸好，尤加利樹是生長速度極快的物種，連被大火燒焦的樹樁也可見冒出的新芽，輕輕鬆鬆地復活。

加寧桉 Eucalyptus gunnii

多花桉 Eucalyptus polyanthemos

閃耀神祕銀光的油橄欖

　　葉子小而堅硬，且相對耐旱，因此被廣泛栽培於西班牙與義大利等地中海沿岸。油橄欖對於靠自己受精後結果（意即自花授粉）的比例較低，必須同時栽培數株才能順利收穫果實。由於生長超過4～5年的油橄欖樹，開越多花便能結越多果，所以當花粉掉落時，不需要特別擦拭，靜置不理才有機會看見結果。不過，期望在非原產地的地方收穫好的果實，確實是太貪心了。

　　油橄欖還算是難易度偏低的植物。只要銘記將它置於室內最明亮且通風的地方即可；過濕的環境則是一大禁忌。建議栽種於排水性佳的鹼性土壤，並請在1～2月撒一次石灰維持酸鹼度；於春、秋兩季施肥。油橄欖是只要環境良好便能順利成長的樹種，因此經常修剪延伸的樹枝，能使其長得加倍強壯。如果秋末冬初期間沒有開花與結果的話，請稍微修剪徒長、過度密密麻麻的樹枝。

油橄欖 Olea europaea L.

天生天養的野花

登山或走在路邊時，經常會遇見許多不知名的花。這些便是天生天養的美麗植物。倘若是沉迷於野花之美的人，勢必會想將這份大自然的美好收藏在身旁。既然有人喜歡綠葉茂密的植物，自然也有人喜歡會在纖細枝條結成豔麗花苞的植物。

其實，栽培野生花是件相當困難的事。這些在廣闊土地接受著豔陽生長的植物，當然得盡量置於日照量多的地方。不僅得根據植物原本生長於什麼樣的區域，謹慎控管溫度，也因噴灑藥物防止害蟲孳生的舉動容易造成花朵爛掉，所以為了避免病蟲害，必須睜大雙眼觀察才行。不過，由於野花是在野外生長、繁殖，因此具有強悍的生命力與適應能力，只要好好了解它們究竟來自哪些區域與特徵，確實是值得挑戰栽培的植物。

野花是必須吸收土地的能量才能好好成長的植物，一旦栽種在盆器內，便很難存活超過一年。雖然無法長得比栽種在土地裡更好，但只要放在日照量多與通風的地方，其實能看見花朵的時間比想像中來得更長，這種程度也已經充分滿足了。恰如將花束插入花瓶，短暫欣賞一陣子的心情般。

雪柳 Spiraea thunbergii

又名珍珠繡線菊，會於春季來臨前綻放淡雅、清麗的花朵。

貼梗海棠 Chaenomeles speciosa

如果能在置身於荒涼的冬日之際，見到誘人的花朵開在纖細的枝椏上，想必沒人能不為其傾倒吧？

野花桌花（centerpiece）

使用墨西哥羽毛草、婆婆納、野蒜頭製作桌
花。不僅比切花的觀賞時間更長，即使沒辦法
再繼續置於家中栽培，亦可改為栽種在花圃。

4

樹形美麗的植物

向陽成長的龍血樹

　　龍血樹尖銳且細薄的葉子，給人堅韌、剛強的感覺。於家中栽培時，樹枝也會向陽長成獨特的形狀。轉動盆器使其長成自己喜歡的模樣，或許正是栽培龍血樹的樂趣吧？由於原產地是非洲，因此相當耐旱。不需要特別照顧，只要在冬季時拉長澆水週期即可。雖然定期在春、秋兩季施肥有助於生長，但植物本體的生長速度卻相對緩慢。當感覺植株較大的竹蕉有些麻煩時，可以剪枝。剪枝非但能讓植物長出全新的個體，只要將剪下的枝條插入水中，即可長出新根，相當易於繁殖。若置於通風不佳的地方，會孳生蟎或介殼蟲。不過，受病蟲害影響的症狀不會即刻出現，必須多加仔細觀察。

紅邊竹蕉（又稱緣葉龍血樹）

彩虹竹蕉　Dracaena marginata rainbow

未經修剪的樹形，老鸛草

植物學家林奈（Carl von Linné）不僅首次創建植物分類系統，同時也將原產於歐亞大陸的天竺葵（Geranium）與原產於非洲大陸的老鸛草歸為同屬植物。即使林奈在數年後修正這項錯誤，早已在園藝家之間根深蒂固的名稱「老鸛草」，使得世人直到現在仍將「老鸛草」稱為「天竺葵」。

儘管可以使用播種的方式繁殖老鸛草，但只要將樹枝剪下後插進土壤，便能使其長出新根。隨意置於任何地方都能向陽生長的老鸛草，既能選擇維持原有的自然樹形，也能透過剪枝栽培成自己喜好的型態。請試著親手自由地變換老鸛草的樹形。老鸛草雖喜歡日照，但請避免過於強烈的直射光線，以免燒傷葉子。耐旱、不喜歡過濕的環境，務必仔細檢查土壤狀況後再澆水。

老鸛草 Pelargonium

在西班牙的哥多華，人們會將房子蓋成口字形，然後在中央打造一座名為「Patio」的小庭園，而Patio裡大多種著老鸛草。如果恰巧在Patio節造訪當地，即可感受老鸛草的全新魅力。

盆栽的韻味，黃漆樹

　　相對栽培於土地裡，將樹木栽培於盆器內免不了只有尺寸比較小的選項，因此挑選樹枝較纖細的樹木作為盆栽裝飾也是方法之一。除了可以利用園藝鐵絲將樹枝纏繞成彎彎曲曲的模樣，亦可單純藉由剪枝保存原有的自然線條。當風吹過修長的樹枝，樹葉與之隨風搖曳的模樣十分美好。

　　想必各位一定聽過漆在家具上，發出黃澄澄光澤的「黃漆」。黃漆，是收集了從黃漆樹樹皮傷口滲出的黃色液體後製作而成。生長在韓國南部的黃漆樹，也常見於濟州島、莞島等島域。既然是在溫暖地區生長的植物，自然無法在中部區域過冬。不過，耐陰性的特質倒是讓它能在室內順利成長。黃漆樹雖然耐病蟲害，但將植物從室外移入室內時，仍會孳生小蟲。請格外留意新葉的背面是否有蚜蟲與介殼蟲出沒。

黃漆樹 Dendropanax morbiferus H.Lév.

線條優美的小葉石楠

　　小葉石楠是生長在韓國半山腰陰涼、乾燥處的植物，因此也能適應日照量少的室內環境。置於通風良好的地方後，請特別留意是否孳生蚜蟲。冬季時，毋須移至太溫暖的環境，只要放置在適度寒涼的陽台即可。難於判斷存活與否，較缺乏栽培的樂趣，所以也容易產生厭倦感。如果使用盆器栽培，更是種需要長時間等待的樹木。度過冬季後，會於3〜4月開始綻放小巧、可愛的花朵。秋季是小葉石楠最討喜的季節，原因自然是來自由綠轉紅的葉子格外美麗。

小葉石楠 Pourthiaea villosa Decne

不刻意的樹形

　　不知是否因為在農場栽培的植物終究會成為商品，所以經常見到大部分的植物都長成了固定的模樣。為了增加商品性，通常會剪枝與設立支架以維持好看的形狀，或是使植物開更多花、結更多果。不符販售標準的植物，即失去商品價值，結果只會受到忽視；至於當下長得再好看的植物也可能會在換盆栽種後，變成完全不一樣的形狀。

　　即使植物的模樣會隨每個人的手藝而有所不同，但若是放任它們自然生長，其實也能變成不刻意的美麗樹形——世上獨一無二的樹形。

琴葉榕 Ficus lyrata

起初，只有一個盆栽而已。後來雖因沒有好好照顧，造成樹枝凋零，但適當整理根部並分成三株後，又再次散發獨特的韻味。

鵝掌藤　Schefflera

在韓國又被稱為「香港椰子」，常用於祝賀開業的禮物，但用作室內擺飾的人氣就比較低了。這是在因環境過濕變得亂七八糟的花圃裡，將始終堅持的鵝掌藤移至盆器栽種的模樣。原本受人唾棄的植物，也因穿上適當的衣服後，變得帥氣無比。

無花果 Ficus carica

如果想讓無花果結滿果實，請於冬季剪枝。由於新枝的成長速度快，因此很快便能長成全新的模樣。

【附錄】 關於園藝初學者好奇的一切

澆水篇

Q 應該幾天澆一次水？

不存在「幾天該澆一次水」的規則。澆水的原則是「表土乾燥時澆足水分」，至於土壤乾燥的速度也會因盆栽擺放的環境與季節而有所不同。園藝店的「幾天澆一次水」，指的是以盆栽在園藝店的周圍環境為準。與其詢問「應該幾天澆一次水？」不妨仔細觀察土壤乾燥的程度，並留意葉子傳遞的信號。

Q 明明澆水了，為什麼植物會死掉？

植物存活所需的必要條件實在太多了，死因自然也很多樣。光是探究葉子變黃的原因便能略知一二：水分不足或完全相反的過濕，營養不足或感染病蟲害等。植物是死是活，不一定是因為「水」。當植物狀態不佳時，除了澆水的部分，也請一併仔細檢視盆栽放置空間的狀態如何，勢必會突然出現「啊！原來如此！」的瞬間。此外，假如家中照顧植物的人不只有自己，也務必先決定好各自負責的工作。

Q 應該澆多少水？

吸收水分的根部，位置在下方。比起中間的粗根，位在末端的支根吸收的水分更多，因此澆水時必須完全澆透，充分浸濕土壤，才能讓植物吸收足夠分量的水。換句話說，必須澆至水量能從排水孔流出來為止。毋須多到水量不停溢流的程度，只要適度地在水開始流出排水孔時停止即可。

Q 可以澆飲水機的水嗎？

請使用自來水而非經過淨化的水。由於飲水機的水已經淨化至人可以飲用的程度，因此也缺乏了植物需要的營養。反倒是自來水含有的鉀、鈣、鎂等，才能讓植物長得更好。不過，請使用事先盛裝並靜置過一天的自來水。這個步驟是為了調整適當溫度，以及讓氯等藥劑成分沉澱。

Q 冬天可以澆熱水嗎？

無論季節，皆建議使用15～20°C的自來水澆水。用手觸摸時，既不會覺得冷，也不會覺得熱的水溫即可。冬季時的水溫可能會太低，請混適合量熱水後，放在室溫靜置一天再使用。

Q 是否該在潮濕的雨季減少澆水？

經常下雨時，土壤乾燥的速度也會變慢。如果表土平常需1週才會變乾，雨季的週期會變得更長些。一旦按照平常的頻率澆水，可能會造成過濕的危機，因此必須謹慎觀察與調整。此外，請於雨季時特別費心注意通風。當空氣的濕度高，加上沒有通風的環境，植物的根部可能因此腐爛。

Q 一天應該噴霧幾次？

乾燥時，隨時都可以噴霧；一天最多可以噴霧4、5次。相反，濕度高時，完全不要噴霧為佳。

換盆篇

Q 何時該換盆？

第一次購入母株時、植物的根部於成長過程開始竄出排水孔時、土壤的養分流失時，皆是必須換盆的時機。土壤的養分比想像中流失得快，一旦土壤沒有養分，再怎麼準時澆水，依然會出現經常掉葉子或顏色不漂亮的情況。再加上栽培植物時，每次澆水都會減少土壤的分量，因此必須定期換盆。

Q 想換盆卻不知道該從何開始⋯⋯究竟該用哪種土壤？

基本上，換盆必須使用的土壤是培養土、砂石土、礫石。培養土又被稱為換盆土、專業栽培土、混土。根據植物的特徵，培養土與砂石土的比例皆不相同，也可能得使用其他土壤而非培養土。換盆方法請參考p.38～43。

Q 可以挖山上或花圃的土壤來用嗎？

將外來的土壤帶回家是件相當不好的事。儘管肉眼看不見，但山上或花圃的土壤存在著各種蟲類與蟲卵等，而且也因為這些土壤是暴露於充滿病毒的環境中。如果將這些土壤帶回家，不僅會使植物染病，同時也會讓家裡孳生小蟲。養分充裕的換盆土種類多樣且價格低廉，希望各位多加購買與使用。

Q 換盆時，是否一定得用全新的土壤？

當原本栽種植物的土壤已經呈現養分完全流失的狀態時，為了讓植物能茁壯成長，必須使用全新的土壤。由於使用過的土壤可能帶有未知的病蟲害，因此請將舊的土壤裝入不可燃的專用麻布袋後再丟棄。

Q 究竟該如何挑選盆器？

請挑選與植物尺寸類似或大1.5～2倍的盆器，且不要使用尺寸比起初盛裝母株的塑膠盆器更小的盆器。盛裝母株的盆器是店家為了移動大量的植物而使用，因此才會將植物栽種於比植物本體更小的盆器，購入後必須立刻替它們換上尺寸合適的盆器。不推薦基於「植物很快會長大」的考量，而選擇過大的盆器，因為澆水量也會隨著盆器尺寸增加，很有可能因此造成栽培環境過濕。正如學生時期因考量「很快會長大」而穿著過大的制服根本不好看般，光是視覺上已能看出完全不恰當。

像仙人掌這類會呈直立型態生長的植物，如果能栽種在與植物形狀類似的盆器，也會顯得加倍好看；像蔓綠絨、波士頓腎蕨等植株不大，生長型態呈橫向延伸的植物，有時會為了讓它們看起來大些而使用較高的盆器栽種，但其實將這類植物栽種在矮盆後，擺在板凳或櫃子上，才更顯美麗。

Q 是否可以將植物種在底部沒有孔洞的盆器？

經常能見到將植物栽種在罐子、玻璃杯等沒有排水孔的容器中，作為室內設計用。雖然將植物栽種在這些容器也無妨，但因為沒有能排水的孔洞，每次澆水都必須謹慎檢視水量與土壤乾燥的週期，所以不太建議初學者這麼做。請使用有排水孔進行適當排水的盆器與接水盤。

Q 大盆器也需要經常換盆嗎？

如果是植株足夠碰到天花板的高大植物，盆器深度理應得和表土以上植物木質化部分的長度一樣。不過，若每次都得買大盆器，不僅費用不容小覷，加上大盆器的重量，對一般家庭而言，換盆的確十分麻煩。如果植物沒有急速成長到根已經竄出排水孔的程度，建議只要稍微整理根部並撢除舊有土壤後，使用新土壤搭配原本的盆器即可達到換盆的效果。

Q 剛換盆不久，根部就已經竄出排水孔。是否該再換一次盆？

這正是植物急速成長的證據。此時，就算再麻煩也得重新換盆。原因在於，暴露於盆器外的根部容易接觸病菌。

Q 如何將植物移出盆器？

如果是利用薄塑膠盆盛裝母株的情況，請輕輕按壓盆器下方後，以傾斜的方式取出母株。這個步驟即能輕鬆取出母株。如果是植物已經移植至其他盆器的情況，只要一手握住植物，另一手使用橡膠槌環狀敲打盆器上方，便可以取出植物。當植物根系已經充滿盆器內部或土壤使用過久時，可能不太容易取出植物；窄口形狀的盆器，同樣也很難取出植物。假如真的無法取出，可以衡量盆器材質後，使用槌子敲碎或剪刀剪碎。此時，請留意不要傷害到根系。若是使用鏟子也可能插傷根系，更需格外小心。

Q 可以同時種幾株不同種的植物嗎？

如果喜歡水與陽光的程度相似，同時栽種也無妨。例如將菜園植物中的番茄與羅勒種在一起，便是相當合適的組合。然而，若是室內植物的話，同時栽種在狹窄的盆器內會造成根系相互影響，因此不建議這麼做。將不同的植物分別栽種在各自合適的盆器內，才能顯得更美麗。

照顧篇

Q　為什麼盆栽附近老是有小飛蟲飛來飛去呢？

可能有根潛蠅孳生。根潛蠅是因為環境過濕所孳生的害蟲，必須噴藥去除。即使是由外部孳生的果蠅，也是因為喜歡潮濕的地方才會經常出現在植物周圍。在土壤上放些茶葉或咖啡粉等，會是不錯的驅蟲方法。雖不清楚盆栽是否對小蟲而言很有營養，但的確具備了讓小蟲孵卵的最佳條件。

Q　陶土盆發霉了⋯⋯

陶土盆上看起來像白色黴菌的東西，其實是白化現象。土壤、肥料、水、盆器材質裡含有的礦物質與鹽分，會在蒸發後變成白色。這是自然現象，同時還能增添盆栽的復古感，毋須理會也沒關係。如果不喜歡，可以在開始變白時立刻使用濕紙巾擦拭。一旦時間久了，凝固後將很難再擦乾淨，請格外留意。

Q　長蜘蛛網了⋯⋯

當樹枝間出現細細的蜘蛛網時，通常來自蟎。這是常見於高溫、乾燥環境的害蟲，請使用濕紙巾與棉花棒擦拭後噴藥。其實，也可能真的是蜘蛛網。雖然蜘蛛是對大自然有益的昆蟲，但對我的植物可是毫無益處。清除蜘蛛網後，若再看見蜘蛛，請將牠們抓起來並歸還大自然。

Q　長蚜蟲了，該怎麼辦？

首先，使用鑷子與濕紙巾去除肉眼看得見的蚜蟲。接著，只要噴上殺蟲劑即可。噴藥後，請務必加強通風。假如是和伴侶動物一起生活的人，建議使用天然殺蟲劑「蛋黃油」。（參考p.73）

Q　噴藥後，蟲子依然沒有消失。怎麼辦？

萬一試過各種方法都無法解決時，則必須完全剪除長蟲的部分或索性丟棄植物。可能會因為一盆長蟲的植物，連累其他盆栽也一起受害。建議在蟲害繼續擴散前，果斷放棄。請將植物與土壤通通丟棄，並使用殺菌劑噴灑盆器消毒後，置於太陽下晒乾。

Q 該噴多少藥？多噴點也沒關係嗎？

使用殺蟲劑前，務必詳閱說明書。仔細確認稀釋比例、噴灑次數等後，再使用。雖然多噴些藥能讓害蟲消失，卻也同時會為植物帶來負面影響。建議使用毒性較弱的產品，以2～3週噴灑1次的頻率達到預防的效果即可。噴藥後，請務必加強通風。

Q 聽說蚯蚓無害，真的嗎？

真的。蚯蚓在土壤裡鑽動，能促使土壤變得更肥沃。當母株裡有蚯蚓時，各位如果能原封不動將蚯蚓也一併移植，那你就是真正的高手！如果能趁下雨天抓些蚯蚓放進自己的盆栽，那你就是超級高手！

Q 何時該添加肥料與營養劑？

建議於植物迅速成長的春、秋兩季添加營養劑。不必特別在換盆後，立刻添加營養劑。由於土壤的養分會在2～3個月間漸漸流失，建議可以等到過一陣子後再酌量添加些肥料與營養劑。

Q 仙人掌也需要施肥嗎？

肥料同樣有助於仙人掌成長。只是請使用較一般觀葉植物更少的分量，且務必稀釋。若觀葉植物的肥料與水的混合比例是1：1000，那麼仙人掌的混合比例則約為1：2000。

Q 可以將蛋殼或咖啡粉擺在盆栽裡嗎？

不同的植物，喜歡的土壤與酸鹼度也有些不同。蛋殼會讓土壤變成鹼性，而咖啡粉則會讓土壤變成酸性。雖然其效果很難與營養劑比擬，但這兩項東西確實對適合的植物有所幫助。使用蛋殼前，必須先去除內側的白色薄膜並風乾後，再搗碎使用。至於咖啡粉，則需先風乾後再倒入盆栽，以免讓土壤變得太濕。

Q 種了香草植物卻老是死掉。

香草植物是相當難以在室內栽培的植物，而多數死因都是日照量與通風不足。其實栽培香草植物的不是人，而是陽光與風，甚至可以說室外庭園最陰暗的地方與室內最明亮的地方，其栽培條件幾乎相同。這句話意味著，室內即是個如此陰暗又阻擋日照的空間。

Q 剛買回來的時候明明開了很多花，後來卻不再開花了。

請先了解花期。如果不是四季開花的品種，自然會有各自的花期。當不是休眠期也不開花時，可能是因為日照量與養分不足。

Q 我種的植物死掉了，該如何處理？

如果是體積大的樹木，需先修剪成小塊後，再裝入計量的袋子裡丟棄。萬一未經修剪而讓植物的一部分露出袋子外便直接丟棄時，可能就得繳納罰金了。若很難自行修剪，可以向相關單位申請比照特殊廢棄物處理。土壤的部分，則是裝入不可燃的專用麻布袋後丟棄即可。至於盆器的部分，陶土盆同樣是裝入專用麻布袋丟棄，塑膠盆則是丟入資源回收桶。未經管理者許可便隨意將這些東西棄置於社區花圃或山上，即是違反廢棄物清理法，請務必遵守對應的處理方法。

植物選擇篇

Q 我想種可以淨化空氣的植物，請幫忙推薦。

其實，所有植物都是可以淨化空氣的植物。淨化空氣不是某些植物獨有的能力，只是每種植物的特性稍微不同而已。舉例來說，散尾葵釋放氧氣的效率高、孟加拉榕具有去除霧霾的效果、馬拉巴栗能有效消除新屋症候群。一般而言，觀葉植物會在白天釋放氧氣，而像是多肉植物與虎尾蘭等植物，則是在夜晚釋放氧氣。同時栽培這些植物時，即可視作全日皆能達到淨化空氣的效果。有人說「植物會在夜晚釋放二氧化碳，種太多植物是件危險的事」，但其實植物釋放的二氧化碳量極少，是連對孩子也無害的程度。

Q 家裡沒什麼日照，有沒有適合這種環境的植物？

推薦竹芋、龜背芋、黃金葛。相對來說，這些植物在日照量不足的地方也能長得不錯，但確實會比在日照量多的地方成長得緩慢些。無論如何，在日照量不足的地方栽培植物，終究是件難事。就算是陰涼處，至少也能有1小時左右的日照，但如果是完全沒有光的地方，根本不可能栽培任何植物。不過，若能設置植物生長燈，可能還有一線希望（參考p.19）。只要將平常使用的燈具換個燈泡即可，且在網路商店便能以低廉的價格購入。近期有很多光線不會太紅或太藍的自然顏色植物燈，請嘗試使用看看。

Q 日照量過多會不會影響植物？

如果全天都有猛烈的直射光線，建議用薄窗簾稍微遮蔽；請挑選看得見窗櫺的薄透材質。其實日照量多，能栽培的植物種類相當多樣。請根據日照量多寡，挑選植物與決定擺放的位置（參考p.61）。

Q 可以在浴室種仙人掌嗎？

最不好的選擇。仙人掌必須在日照量多且乾燥的地方才能長得好，而浴室是家中日照量最少又潮濕的地方，這絕對是最糟糕的生長環境，仙人掌很快就會因為過濕而死掉。可以的話，請盡量不要在浴室栽培植物。如果真的很想在浴室栽培植物，請將一、兩根植物枝條插入玻璃瓶內，採用水耕栽培法。

Q 孩子有異位性皮膚炎，有沒有植物能改善這個毛病？

雖然植物無法提供直接的治療效果，但確實有助於淨化空氣，因此也能給皮膚帶來正面影響。許多人會將能釋放大量負離子的虎尾蘭，推薦給患有異位性皮膚炎的患者。如果不喜歡虎尾蘭特有的模樣或顏色，請選擇月光虎尾蘭。隱約的色澤，是其魅力所在。石筆虎尾蘭也是值得推薦的植物之一。只要選擇好看的盆器栽培，光是視覺上也能覺得賞心悅目。

Q 我想在餐桌上擺些植物，哪些種類比較合適？

餐桌是擺放食物的地方，建議放置能整理得乾乾淨淨的植物。水培植物因為沒有土壤，毋須擔心孳生害蟲，同時還能增添清新的氛圍。只要定時換水即可，相當容易照顧。

Q 長輩說「不要在家裡擺放比自己身高還高的植物」，這樣做真的不好嗎？

因為在家裡栽培植株較大的植物會形成陰暗的陰影區，所以以前長輩們才會出現這種說法。正如有些信奉基督教的人，認為栽培天堂鳥是一種罪般。雖然信仰自由，但沒有人有權強迫別人接受。大家都能明白這個道理吧？

Q 一定得在花市買植物嗎？

許多人推薦花市的原因，在於可以親眼看一看植物再購買。不過，由規模較大的花園或數個花園組成的批發市場，通常是為了大量購買的零售業者而設，對於想要一盆、一盆仔細挑選的人而言，反而不是個合適的地方。既然想經過謹慎思考後再購入健康、樹形好看的植物，直接前往距離自己較近的花店購買，或許也是個不錯的方法；如此一來，初學者們還可以向花店老闆討教一下好好栽培植物的小祕訣。以前可能不太推薦透過部落格或社群網站購買，但近來這些通路不僅都將植物包裝得相當妥善，也會親切教導照顧方法，失敗的機率確實很低。

其他

Q 有沒有比較好養的植物？

這是最常聽到的問題之一。然而，世上並不存在「好養的植物」。養植物本來就不容易，而且還會越養越難。「水不夠」「需要陽光」「沒有養分了」……植物不會說話，所以我們根本無從得知。如果要說有什麼不太會生病且能順利成長的植物，龜背芋或許是個好選擇（參考p.44）。畢竟它們是為了在貧瘠的環境成長才進化而成的型態，照顧起來比較不麻煩，也經常會長出新葉，確實能為園藝初學者增添栽培植物的樂趣。

Q 有沒有不用照顧也不會死的植物？

沒有。所有植物都得在合適的環境，獲得適時的水分，才能茁壯成長。如果沒有好好照顧植物的自信，請多加利用人造植物，同樣也能讓環境變得生氣盎然。像是在不容易栽培植物的廁所之類的空間擺放人造植物，也是方法之一。

Q 為什麼植物只要一到我們家就會死掉？

不是一到我們家就死掉，而是自己沒有妥善照顧才死掉。澆太多水、忘記澆水、日照不足……往往都是因為沒有察覺到植物發出了這些信號。另外，也可能是該植物確實不適合自家環境，必須先按照不同空間檢視究竟該擺放何種植物（參考p.62～63）。最後，也請確認該植物是否適合自己的生活模式與性格。勤勞的人可以把敏感的植物照顧得很好，而敦厚的人則比較適合照顧敦厚的植物。

Q 難道沒有不會把植物種死的方法嗎？

實際栽培植物後，不難發現每個人都至少各有一次讓植物死於過乾與過濕的經驗。當萌生「我是植物殺手」的想法後，其實就很難再欣然栽種植物。其實在栽培的過程中經歷越多失敗，才越能找到與自家環境契合的植物。同時，也能真正了解「自己究竟是喜歡哪種植物」「哪種植物才能在我們家好好成長」。如同前文提及的那句話「澆水3年功，然後3年，又3年」，栽培植物正是一場與時間的搏鬥。只要用愛與關心好好觀察植物，便能在不知不覺間見到它們茁壯成長的模樣。

Creative 174

我想把植物養好
專為連仙人掌也養不活的初學者設計的
4週園藝課

作者｜許盛夏
譯者｜王品涵

出版者｜大田出版有限公司
台北市一〇四四五 中山北路二段二十六巷二樓
E-mail｜titan@morningstar.com.tw http：//www.titan3.com.tw
編輯部專線｜(02) 2562-1383 傳真：(02) 2581-8761

總編輯｜莊培園
副總編輯｜蔡鳳儀
編輯｜葉羿妤
行銷編輯｜張筠和
行政編輯｜鄭鈺澐
校對｜金文蕙／黃薇霓／王品涵
內頁美術｜陳柔含

初版｜二〇二二年三月一日 定價：四二〇元
二刷｜二〇二四年二月一日

網路書店｜http：//www.morningstar.com.tw（晨星網路書店）
TEL：04-23595819 FAX：04-23595493
購書Email｜service@morningstar.com.tw
郵政劃撥｜15060393（知己圖書股份有限公司）
印刷｜上好印刷股份有限公司
國際書碼｜978-986-179-711-3 CIP：435.11/110020565

填回函雙重禮
① 立即送購書優惠券
② 抽獎小禮物

國家圖書館出版品預行編目資料

我想把植物養好／許盛夏著；王品涵譯．
——初版——台北市：大田，2022.03
面；公分．——（Creative；174）

ISBN 978-986-179-711-3（平裝）

435.11　　　　　　　　　　110020565